U0237503

江西都昌候鸟省级自然保护区生物多样性科学考察报告

Scientific Investigation Report on Biological Diversity of Jiangxi Duchang Migratory Bird Nature Reserve

李言阔　李　跃　石水平　主编

中国林業出版社
CFPH China Forestry Publishing House

图书在版编目（CIP）数据

江西都昌候鸟省级自然保护区生物多样性科学考察报告 / 李言阔，李跃，石水平主编 . -- 北京：中国林业出版社，2024.9. -- ISBN 978-7-5219-2928-7

Ⅰ. S759.992.564

中国国家版本馆 CIP 数据核字第 2024NB4789 号

策划编辑：肖　静

责任编辑：葛宝庆　肖　静

封面设计：辰轩文化

出版发行：中国林业出版社

（100009，北京市西城区刘海胡同 7 号，电话 83143612）

电子邮箱：cfphzbs@163.com

网址：www.cfph.net

印刷：河北京平诚乾印刷有限公司

版次：2024 年 9 月第 1 版

印次：2024 年 9 月第 1 次印刷

开本：710mm×1000mm　1/16

印张：13.75

插页：14

字数：246 千字

定价：98.00 元

编辑委员会

主　任　刘晓海　李　跃

委　员　李言阔　张　诚　欧阳珊　向小果
应　钦　缪泸君

主　编　李言阔　李　跃　石水平

副主编　欧阳珊　向小果　陈宇炜　缪泸君
邵瑞清　孔令红　张　琍

参加编写及考察人员：

李言阔　李　跃　易　清　汤　腾
欧阳珊　向小果　缪泸君　梅志刚
陈宇炜　吴小平　邵瑞清　申　锦
李安梅　钱　磊　塔　旗　张　超
刘　鹏　应　钦　刘以珍　刘　旭
张　剑　李　洁　陈　港　付玉营
吴名华　石水平　郭　华　刘文俊
陈荣春　陈小华　邱晓燕　胡华喜
王　诚　魏道亮　黄友河　黄　斌
陈　菁　岳增深　于新平　王俊頔
刘金福　吴　强　毛妍祺

本书由保护国际基金会（CI）—赛得利（Sateri）鄱阳湖湿地保护项目资助编写和出版。

前言

鄱阳湖位于长江南岸、江西省北部，是我国最大的淡水湖。鄱阳湖是一个季节性湖泊，存在着明显的洪、枯水位变化，表现出“洪水一片，枯水一线”的自然景观。每年4—7月为主汛期，鄱阳湖湖水水位上涨，8—9月受长江来水顶托和倒灌的影响，维持高水位，成为一个大湖，水面面积超过4000km^2，整个鄱阳湖一片汪洋，碧波荡漾，一望无际。每年10月到翌年3月为枯水期，水位逐渐下降，大面积的滩地显露出来，最终水面面积不足1000km^2，此时的鄱阳湖变成了线状的“河渠”和数量众多的碟形湖，形成了水域（深水区、浅水区）、水陆过渡带（沼泽、泥滩和沙滩）和湖滩草洲等湿地景观。每年10月，冬候鸟开始陆续到达鄱阳湖，此时多样化的湿地景观为越冬候鸟提供了适宜的越冬生境。无论是喜欢水域的游禽，还是喜欢沼泽和泥滩的涉禽，在鄱阳湖湿地都能找到大面积的适宜生境。在此越冬的水鸟多达70万只，鄱阳湖是白鹤（*Leucogeranus leucogeranus*）、东方白鹳（*Ciconia boyciana*）和小天鹅（*Cygnus columbianus*）等珍稀濒危鸟类的重要越冬地。当地民谣有“鄱湖鸟，知多少？飞时遮尽云和月，落时不见湖边草”，真实而形象地描述了鄱阳湖数万只水鸟栖息的场景。

都昌县位于鄱阳湖北部，拥有鄱阳湖水域面积1390km^2，占鄱阳湖总面积的1/3，其湖岸线长约308km，占鄱阳湖岸线长度的1/4，是鄱阳湖区湿地面积最大的县。每年秋季，鄱阳湖水落湿地出，种群繁多的越冬候鸟纷至沓来，10月开始，首批越冬候鸟先期来到多宝乡马影湖，这里是越冬候鸟抵达鄱阳湖的第一站。每年冬季，在都昌候鸟省级自然保护区越冬的水鸟数量达（171640 ± 106666）只，水鸟最多达379390只（2017年冬季）。根据鄱阳湖区越冬水鸟同步调查数据，近2年来都昌候鸟省级自然保护区内记录到的水鸟均超过20万只，近3年来都昌候鸟省级自然保护区内的水鸟数量占鄱阳湖区水鸟总数量的（22.8 ± 4.4）%。

为了保护都昌县域内鄱阳湖湿地丰富的越冬鸟类，2004年，江西省政府批准成立了都昌候鸟省级自然保护区，保护区总面积41100hm^2。都昌候鸟省级自然保护区是鄱阳湖区面积最大的候鸟保护区，其与鄱阳湖国家级自然保护区、鄱阳湖南矶湿地国家级自然保护区相毗邻，共同构建了鄱阳湖越冬候鸟就地保护网络的主体。作为一个省级自然保护区，由于管辖面积大、经费投入少、专业力量薄弱，都昌候鸟省级自然保护区经历了一段艰难的发展时期。都昌候鸟省级自然保护区在首任局长李跃同志的带领下迎难而上，披荆斩棘，励志图强，经过十几年的艰苦奋斗，都昌候鸟省级自然保护区已发展成为一个具有重要影响力的鄱阳湖候鸟自然保护区，在鄱阳湖候鸟保护事业中发挥着越来越重要的作用。

近年来，受气候变化和三峡工程的影响，鄱阳湖水文情势发生了明显的变化，枯水期提前并延长。三峡水库于每年 9 月开始蓄水，下泄流量减少，从而导致长江水位下降，使鄱阳湖流入长江的出口流量增大，湖区水位提前消落，洲滩提前露出。这被认为是鄱阳湖近年来枯水期提前、秋季干旱和枯水期延长的主要原因。水是湿地演替的决定性因素，水文过程直接影响着湿地生态系统的结构和功能。鄱阳湖水文情势的改变直接影响了鄱阳湖湿地景观格局、植被演替以及沉水植物生长等，对越冬水鸟，尤其是植食性水鸟的生境可获得性和食物丰富度产生了明显的影响，也使鄱阳湖越冬水鸟的空间分布格局出现了剧烈的变动。

在这种背景下，科学有效地开展都昌候鸟省级自然保护区越冬水鸟及其栖息地保护，对整个鄱阳湖区的越冬水鸟保护具有极其重要的意义。然而，都昌候鸟省级自然保护区自成立以来，一直没有开展过系统的科学考察，重要的生物类群资源现状不清楚；虽然近年来开展了一定的候鸟保护和监测工作，但这些数据尚有待整合分析。这在一定程度上制约了保护区科学决策的制定，不利于保护区的长远发展。为了填补这一空白，保护国际基金会联合江西师范大学、都昌候鸟省级自然保护区管理局等单位对保护区历史资料进行了梳理，对保护区重要生物类群进行了野外调查，并完成了《江西都昌候鸟省级自然保护区生物多样性科学考察报告》。此项工作的完成，得益于保护国际基金会的大力支持和组织，也得益于项目组成员的共同努力和合作。在此，向提供资料以及其他帮助的有关单位和个人表示衷心感谢。

由于时间仓促，加之水平有限，报告中的疏漏和错误之处敬请指正。

编辑委员会

2023 年 11 月

目录

第 1 章
历史沿革及保护管理情况

1.1 历史沿革

鉴于都昌县特殊的地理位置和丰富的湿地候鸟资源，早在 1995 年都昌县即开始筹建县级自然保护区，2000 年都昌县政府以都府字〔2000〕50 号文件正式批准成立新妙、南溪湖县级候鸟自然保护区，面积 4000hm^2。2001 年初，都昌县野生动植物保护管理站（以下简称“野保站”）组织人员在都昌县所辖鄱阳湖湖区连续开展了 2 年的环湖调查，发现该自然保护区及其周边有丰富的珍稀濒危越冬候鸟等野生动物资源、典型的北亚热带湿润性季风气候区淡水湖泊湿地生态系统分布，其生态系统典型、生物种类丰富、珍稀濒危物种丰富，具有重要的保护价值；同时保护区内有部分湿地实施了移民建镇，亟待恢复和保护，是都昌县生物多样性最精华的部分，也是鄱阳湖越冬候鸟的主要分布区。为了加大保护力度，进一步规范保护区管理，都昌县人民政府在原县级自然保护区的基础上，将保护区向东南部拓展到 41100hm^2，并把申报都昌候鸟省级自然保护区作为一个重大项目进行了布置。2004 年，江西省人民政府以赣府字〔2004〕30 号文件批复保护区升级为省级自然保护区。

2004 年批准设立的都昌候鸟省级自然保护区（以下简称“保护区”）地理坐标为东经 116° 2′ 24″ ～ 116° 36′ 30″，北纬 28° 50′ 28″ ～ 29° 10′ 20″。保护区总面积 41100hm^2，由 2 个子保护区组成，一个是多宝子保护区，面积 5700hm^2，其中，核心区 1700hm^2，实验区 4000hm^2；另一个是泗山子保护区，面积 35400hm^2，其中，核心区 6500hm^2，实验区 28900hm^2。保护区范围涉及周溪镇、西源乡、三汊港镇、和合乡、大沙镇、大树乡、都昌镇、北山乡、多宝乡 9 个乡（镇）。

2004 年 4 月至 2007 年 12 月，保护区的日常管护工作由都昌县林业局野保站履职履责，2005年，都昌县机构编制委员会都编发〔2005〕07号文件同意成立都昌县候鸟自然保护区管理局，为副科级财政拨款事业单位，但由于种种原因，截至2008年1月，保护区管理局机构并没有真正建立。2008年，省委、省政府开展了鄱阳湖生态经济实验区建设，都昌县委、县政府为抓好湿地候鸟保护工作，决定成立都昌县候鸟自然保护区管理局（以下简称“保护区管理局”），从此开始，都昌县鄱阳湖区候鸟保护真正落实到保护区管理局，都昌县候鸟保护工作走上了专责保护、专职管理的轨道上来。保护区管理局组建了专班人马，以2006年国家林业局林计批字〔2006〕22号文件批复的都昌湿地保护建设项目为契机，截至2010年建成了矶山、多宝、周溪3个保护管理站，并购置了少量的管护设施，至此保护区组织管理体系初步建立。

1.2 功能区划

1.2.1 2004年划建情况

保护区面积41100hm^2，涉及蚌壳湖、输湖、泥湖、泥湖大道、南岸洲、江蚌湖、沙咀湖、钱公桥湖、千字湖、矶山湖等湖泊。为便于开展野生动植物保护、科学管理，方便群众的生产和生活，保护区划分为2个子保护区，分别是泗山子保护区和多宝子保护区。泗山子保护区面积35400hm^2，占保护区总面积的86.1%。泗山子保护区界址走向：东从西源乡堪上村始往南3km到鄱阳县界，沿县界往南至都昌、新建、余干、鄱阳四处交汇点（以下简称“1交汇点”），南从1交汇点至南岸洲，西从南岸洲始至新建区界，沿县界往西至都昌、永修、新建三处交汇点（以下简称“2交汇点”），北从2交汇点始沿县界至和合乡的黄金咀经大沙至三汊港、周溪和西源的湖岸线，再接堪上村止，其中，核心区6500hm^2（主要是蚌壳湖及其洲滩），实验区面积28900hm^2。多宝子保护区面积5700hm^2，占保护区总面积的13.9%。多宝子保护区界址走向：东从马影湖圩堤东端始直线至团山、直线至射里头，沿矶山圩堤至松古山湖岸线，南从松古山南咀始往西南直线4km至永修县界，西从永修县界始至永修、庐山和都昌三处交汇点经庐山市界到老爷庙正南6km处，然后往东直线4km，再往北直线至多宝范垅，北从范垅始沿湖岸线至马影湖圩堤西端，再沿圩堤至

东端止，其中，核心区 1700hm^2（主要由矶山湖、千字湖 2 个浅碟湖泊组成），实验区面积 4000hm^2。

1.2.2　2020 年划建情况

由于保护区早期划建边界范围和功能区时未开展科考，工作不够细致和规范，将贯穿鄱阳湖区的信江主航道等航运必经通道和部分水产养殖区划入了保护区，由此 2019 年都昌县人民政府为了加强越冬水鸟及其栖息地生态环境保护，贯彻“保护区总面积和核心区面积不减少”的原则，申请对保护区边界范围和功能区进行调整。2020 年，江西省人民政府以赣府字〔2020〕43 号文件同意对保护区范围和功能区进行调整，调整后，保护区地理坐标为东经 116° 03′ 00″ ～116° 26′ 48″，北纬 28° 58′ 09″ ～29° 21′ 54″，总面积为 41100hm^2，其中，核心保护区面积为 11180hm^2，比 2004 年划建时增加了 2980hm^2；一般控制区面积为 29920hm^2，比 2004 年划建时减少了 2980hm^2。

1.3　保护管理

1.3.1　总体目标

根据我国自然保护区保护、管理、建设的各项方针、政策、法律法规，结合本保护区的性质、自然资源、社会经济状况和地理环境等，确定保护区建设发展的总目标如下：

①保护好湿地生态环境，保持湿地生态功能，为鄱阳湖水鸟生存、栖息提供理想场所；

②保护好珍稀濒危水禽，使它们能在保护区内正常地生存、繁衍，不受侵害；

③保护好区内自然资源，保持物种多样性，促进自然生态平衡；

④正确处理好当前与长远、局部与整体利益的关系，妥善处理好保护区与社区群众的关系，以及保护区与当地经济建设、群众生产、生活的关系，使保护区能在获得最佳生态效益的前提下，获得一定的经济效益和最好的社会效益；

⑤提高保护区在保护、科研、管理、监测、宣教等方面的能力，健全资源管护体系和执法体系，加强社区共管，充分发挥保护区的多功能效益，将保护区建成集保护、科研、教育于一体的设施完善、设备先进、科技发达、管理高效、功能齐全、持续发展的省级自然保护区，并在条件和时机成熟时申报晋升为国家级自然保护区。

1.3.2 保护体系

保护区具体职责分别是：保护区管理局领导负责贯彻执行国家有关法律、法规和政策，执行省、市、县关于保护工作的战略部署和上级主管部门赋予保护区的各项任务，负责编制保护区管理计划，制定保护区各项管理制度，加强保护管理队伍的思想、组织、作风建设和保护区能力建设，促进保护区可持续健康发展；综合股负责日常管理、人秘、档案、协调等工作；保护股主要负责湖区巡逻、保护、执法，对保护管理站的工作进行检查和业务指导；计财股负责保护区财务管理工作，承担资金调拨、计划申请、项目编制及项目实施、财务审核，管理保护区固定资产；宣传股负责湿地候鸟宣传活动策划、宣传资料编印制作及社会化宣传活动的组织和执行（图 1–1）。由于保护区管理局人员配备少，因此实行“整体一盘棋、分工不分家、协同传帮带”的工作模式，多项

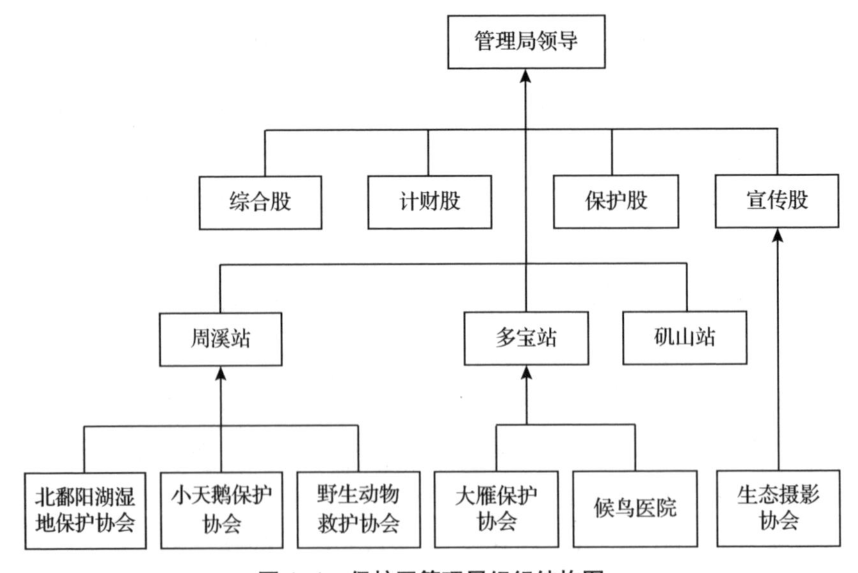

图 1–1 保护区管理局组织结构图

工作安排需要把各股室人员综合调度使用。保护区管理局现有在编人员 13 人，局、站共聘用开船、开车、管船、后勤及季节型巡护员 13 人，在候鸟分布的重点湖区视工作情况、保护需求、资金情况还聘用一定数量的农民作为护鸟员或情报员，跟踪湖区动态，报告湖区情况。

1.3.3　资金来源

事业经费主要来自县政府安排的财政预算经费，基础设施建设、能力建设等经费主要来自省林业厅（局）组织专家评审通过并经省林业厅（局）研究批复的相关项目资金，其他的来自保护区争取的保护国际组织或相关部门的支持经费。但都昌县财政力量一直非常薄弱，对保护区安排事业经费预算经常力不从心，难以适应不断增长的需要，同时省级自然保护区受政策等多方面限制因素，项目争取也存在一定制约或困难，因此经费短缺依然是制约保护区发展的主要问题之一。

1.4　保护成效

保护区成立以来，全面贯彻落实党和国家关于加强湿地候鸟保护的方针政策，严格按照省、市、县工作部署要求，紧锣密鼓、有的放矢、脚踏实地开展了一系列宣传教育、巡查管护、资源监测、生境维护、集中整治和能力建设工作。

一是争取重视。始终坚持带队伍、树形象、强保护、谋发展的思路，努力克服工作和资金困难，倾心尽力守护都昌候鸟家园安全，以工作质量和工作作风争取各方面的信任和支持。自 2008 年至今共争取各类资金 2000 余万元，用于改善保护区的基础设施条件，提升能力建设水平，切实发挥资金的使用效益。

二是广泛宣传。通过制作宣传公益片、专题片、宣传资料、作业本、画册、展板等多种形式和手段，深入农村、学校、社区、广场、水域，大规模宣传讲解鄱阳湖湿地候鸟保护的重要意义和相关知识，大大提高了社会各界的保护意识和都昌湿地候鸟保护知名度，夯实了湿地候鸟保护的群众基础，也充分发挥了正面舆论导向作用，同时积极配合县委、县政府自 2016 年以来连续举办了 5 届的中国·都昌鄱阳湖候鸟全国摄影大展活动。

三是加强保护。制定了保护区管理局和基层管理站野外巡查管理制度，资源管理工作基本做到了日常化、规范化、制度化，尤其是将湿地候鸟重要分布区、多县交界接壤区列为主要管控风险点，巡查蹲守监管到位，有效控制了人为因素的影响，为候鸟创造了良好的栖息环境。

四是认真监测。连续多年参加了鄱阳湖区越冬水鸟同步调查，于2010年与全国鸟类环志中心、江西省野生动植物保护管理局联合成功开展了全国湿地生态系统陆生野生动物资源调查试点工作。近年来，保护区严格执行“逢八监测”制度，并强化日常监测工作，较好掌握了候鸟的分布区域、生境状况及迁徙特征。

五是严格执法。深入贯彻执行《中华人民共和国野生动物保护法》《中华人民共和国自然保护区条例》《江西省湿地保护条例》等法律法规，全力遏制了侵占湿地、滥捕乱猎的势头，彻底清除了区内“天网”、毒饵对越冬候鸟带来的威胁和损害，查办了一系列破坏湿地、非法捕螺等违法违规行为，净化了湿地候鸟生态环境。

通过持之以恒的保护管理，都昌县湿地候鸟保护工作不断发展进步，湖区生态和候鸟栖息环境逐步优化，人为破坏的非法行为逐渐减少，候鸟种群、数量趋于稳定或呈增长态势，高峰期可达近20万只候鸟，约占鄱阳湖候鸟总数的1/3，保护区成为众多媒体、社会各界的聚焦区域。2010—2020年连续10个年度，都昌县被省政府办公厅或省林业厅（局）授予全省鄱阳湖区越冬候鸟和湿地保护先进县；2012年4月，都昌县被中国野生动物保护协会授予“中国小天鹅之乡”，保护区管理局多次被评为全省鄱阳湖区越冬候鸟和湿地保护先进管理局；2018年，保护区管理局被国家人力资源和社会保障部、国家林业和草原局授予全国林业系统先进单位，局长李跃先后荣获“中国生态英雄”“斯巴鲁生态保护奖”“全国森林和野生动物保护先进个人”“第六届野生动植物保护奋进卫士奖”“江西省最美林业人”“江西省先进工作者”等多个荣誉称号；2019年，李跃在中共中央对外联络部、中共江西省委联合举办的“中国共产党的故事：政党的使命”主题宣介会上成功讲述了鄱阳湖候鸟保护的故事，是江西省5位讲述人之一，通过宣讲树立了良好的外宣形象，受到了省委省政府领导和多国政党的好评。

1.5　主要问题

都昌县是鄱阳湖区越冬候鸟和湿地保护最重要的阵地之一，湿地面积大、候鸟资源多、湖区人口密、人为活动频繁，而且与新建、余干、南昌、鄱阳、永修、湖口、庐山市等多个县（市）交界，区域结构复杂，候鸟分布呈动态性变化，大部分栖息在保护区范围内，也有一部分在保护区外或周边区域。无论是保护区内的候鸟还是保护区外的都要得到同样的保护，保护区因此承担了整个都昌湖区的湿地候鸟资源保护任务，而候鸟栖息场所往往十分偏远，这些区位又属于危险复杂区位，候鸟遭受偷猎的可能性和风险随时存在，管护巡护条件极其艰苦，难度非常大。

一是虽经多年努力，保护区管护、巡护能力有了较大改善，但面对新的湖区形势和湿地候鸟保护、生态文明建设任务要求，特别是在十年禁渔政策的背景下，渔民失去了传统的捕鱼主业，可能暗藏着冬季偷猎候鸟的意图，保护区开展执法的监测设施设备依然还存在不足。

二是保护区的智慧管理手段只刚刚起步，亟须加强，以推进资源监测、保护的智能化，促进保护区管理手段的现代化建设。

三是现有的保护和监测设施设备，如移动监测船、小型巡逻艇、中型执法艇、趸船、湿地泥滩车等监测巡护设备的运行与维护费用没有固定来源，如果没有项目资金支持，则湿地候鸟保护工作运行开展十分艰难。

四是 3 个基层保护站工作条件较为滞后，亟待改善。

五是由于气候、环境等方面变化，遇上干旱、冰冻、冬汛等天气，候鸟伤病时有发生，需要应急处置，候鸟及其他野生动物的社会化保护和救护工作需与时俱进，特别是重点湖区、多县交叉、偏远危险区位的防控仍要加强，而保护区人手不够，需进一步发动民间力量的积极性和协同性，共同参与湿地候鸟保护工作。

六是保护区人才队伍素质滞后，没有文秘、生态学、野生动物保护、空间地理信息、新闻传媒等方面的专业人才，科研、宣传层次低，难以适应与时俱进、不断发展的湿地候鸟保护工作和生态文明建设新要求。

七是保护区机构级别偏低，作用与地位难于凸显，不利于工作协调沟通。

1.6 发展展望

习近平总书记深刻指出“绿水青山就是金山银山”“环境就是民生，青山就是美丽，蓝天也是幸福”，党的十九大报告提出“加强生态文明体制改革、建设美丽中国”，基于此，为加大生态系统保护力度，实施重要生态系统保护和修复重大工程，构建生态廊道和生物多样性保护网络，强化湿地恢复和候鸟保护。省委、省政府作出了“建设美丽中国江西样板”和建设国家生态文明试验区的重要决策，省委书记刘奇强调“候鸟是自然界赐予江西的宝贵财富，要像保护家人一样保护候鸟，以查命案的力度严查破坏候鸟的不法行为，让候鸟常来，让候鸟常驻，留住鄱阳湖候鸟低飞、渔歌唱晚的美景”。习近平生态文明思想和省委、省政府关于保护鄱阳湖湿地候鸟的重大部署以及刘奇书记重要论述为保护区加强建设管理推进生态文明建设提供了根本遵循，指明了前进方向。

保护区必须立足当下、放眼长远、思考未来，在多年来取得保护成效的基础上采取更有力、更主动、更创新的举措，积极顺应时代发展要求，呼应人民群众关切，抢抓政策叠加机遇，在推进江西省生态文明建设新征程中再立新功。未来发展中，重点从以下几个方面开展工作。

一是注重能力建设。不仅要加强保护湿地候鸟的装备建设，还要加强保护队伍的思想、组织、作风建设，招录一批有知识水平、现代视野、工作情怀的专业技术人才，提高应急处置、落实执行、实战操作、创新发展、科学研究能力，实施防控关口前移，把工作要求落实在湖区第一线，确保湿地候鸟资源得到最安全、最彻底的保护。

二是大力推进智慧管理。致力于解决制约保护区巡护、科研、监测的木桶短板，实现管护巡查的常态化、规范化、可视化、智慧化，全面提高管护巡查效率，有效提升科研监测水平，也为鄱阳湖的综合研究提供重要的数据和信息服务。

三是加强综合执法整治。对湿地候鸟实行全天候保姆式跟踪保护，全方位、立体式、地毯式开展净环境、清网具、排毒饵、防猎杀、管市场、堵交易等多方面工作，在守住湖区、管住猎具、卡住车船、盯住餐桌上抓出成效，与涉湖管理部门加强合作保持震慑力，严厉打击各类破坏环境、资源的不法行为，同时在湖区重点区域推行社区共管、社区共建工作。

四是精心打造候鸟文化品牌。全面加强湿地候鸟宣传教育，不断强化从湖区、社区到中小学校，从自然村、村委会到乡镇机关等不同人群的宣传覆盖面，与此同时，深入发掘候鸟文化和保护故事，站在文化发展的视角与高度，以塑造新的道德水准和价值追寻为目标，坚持成风化人，引领潮流，深入持久创新地开展保护知识和法律法规教育，让全社会从思想和行动层面升温加热，形成尊重自然、顺应自然、保护自然的良好风尚，全面释放出做好鄱阳湖湿地候鸟保护工作的生态效益、经济效益、社会效益，为都昌、江西乃至全世界留下鄱阳湖那份深沉而持久的美好乡愁，让湿地候鸟成为蕴含都昌特质最亮眼、最有影响力的生态文化名片。

第2章
自然环境

2.1　地形地貌

都昌地貌以丘陵和滨湖平原为主，且水域宽阔，局部有低山分布。地势北高南低，并以大港到汪教褶隆起带为轴心，向西北和南东两个方向倾斜。境内最高点为北东部的三尖源，海拔 647.3m，滨湖区海拔最低处仅 10m，自东北向西南呈低山、高丘、低丘、平原、湖区的变势。

2.2　水文

2.2.1　水系

都昌水系发达，河港纵横，共有大小河港 39 条，总长 359.6km。按其流向，大致可分为 7 大水系。

（1）大港

纳大港、彭冲港、四十八道无名港等溪港之水，与鄱阳湖县响水河汇合后注入漳田河。该水系发源于武山，集雨面积约 150km^2，主要径流总长约 42km。其中，大港长 24km、宽 20m、深 0.3m，每秒流量 3m^3。

（2）大西湖

承盐田、九山、斗山、辉煌、信和、石牛、界牌、吕公岭等溪港之水，泄入鄱阳湖。集雨面积 398.6km^2，主要径流总长约 91.6km，多年平均径流总量 2.5 亿 m^3。吕公岭港为该水系中最大的一条河港，全长 28.5km，集雨面积 224.1km^2，每秒流量 4.6m^3。

（3）新妙湖

承洞门、太平、苍山、高桥、紫云、彭埠、新桥、鲁庵、七角、芙蓉、曹便港之水，注入鄱阳湖。集雨面积约460.8km^2，主要径流总长约128.6km，多年平均径流总量约2.8亿m^3。发源于武山三尖源的曹便港，为全县最大的一条河港，长度达42.8km，集雨面积为281.3km^2。该港分4段，上段称七里冲港，长8.8km，汇入张岭水库，宽10m，深0.1m，每秒流量0.5m^3；中段亦称曹便港，长10km，宽20m，深0.1m，每秒流量1m^3；下段称徐埠港，长14km、宽35m、深0.5m，每秒流量3.5m^3；尾段称后港，长10km、宽60m、深1.5m，每秒流量40m^3，注入新妙湖。

（4）大输湖

接伏牛、高桥、大沙、田畈、阳峰等溪港之水，泄往鄱阳湖。集雨面积179.3km^2，主要径流共长41km，多年平均径流总量1.1亿m^3。该水系溪港一般径流较短，最长的为阳峰港，全长12.5km（不含湖内港段）。

（5）大沔池

承双家桥、狮山口等溪港之水，泄入鄱阳湖。集雨面积约55.8km^2，主要径流总长14.5km，多年平均径流总量为0.3亿m^3。

（6）谢家湖

纳八里港、铁牛下等溪港之水，泄入鄱阳湖。集雨面积34.6km^2，主要径流总长11.6km，多年平均径流总量为0.2亿m^3。

（7）团子口

承陶家冲、团子口等溪港之水，泄入鄱阳湖。集雨面积30.1km^2，径流总长8.5km。该水系溪港较短，水量欠丰，年均径流总量为0.2亿m^3。

其他零星水系主要溪港有火垅山、春桥头、蛇咀堰、曹坑、长垅、大山、徐宗市等，径流总长约39.8km，集雨面积106.2km^2。

2.2.2 水文情势

保护区涵盖了鄱阳湖都昌段，其水文情势能够较好地反映鄱阳湖水文变化特点。1952—2014年，鄱阳湖都昌段年平均水位为13.7m，丰水期（4—9月）平均水位为15.7m，枯水期（10月到翌年3月）平均水位为13.7m。最高水位为22.4m，出现在1998年8月2日；最低水位为7.5m，出现在2014年2月2

日和2014年12月31日。

鄱阳湖都昌段水位表现出明显的季节性变化（图2-1）。从3月开始水位明显升高，持续到7月，通常在7月水位超过17.0m。高水位持续到8月中旬，然后水位逐渐下降。进入9月后，平均水位低于16.2m，然后继续下降。10月都昌湿地进入枯水期，平均水位低于15.3m。最低水位出现在12月底和1月上旬。1月底或2月初水位开始逐渐升高。

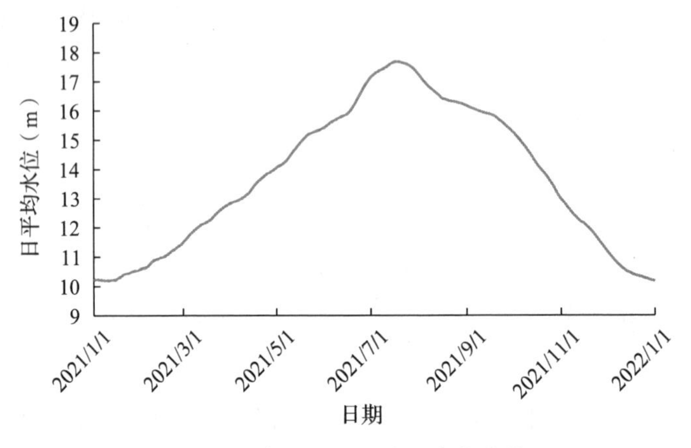

图2-1　都昌湖区日水位变化曲线

都昌湖区月平均水位2—7月逐渐增加，7月月平均水位最高，为17.5m；其后逐渐降低，12月和1月水位最低，月平均水位分别为10.5m和10.3m（图2-2）。

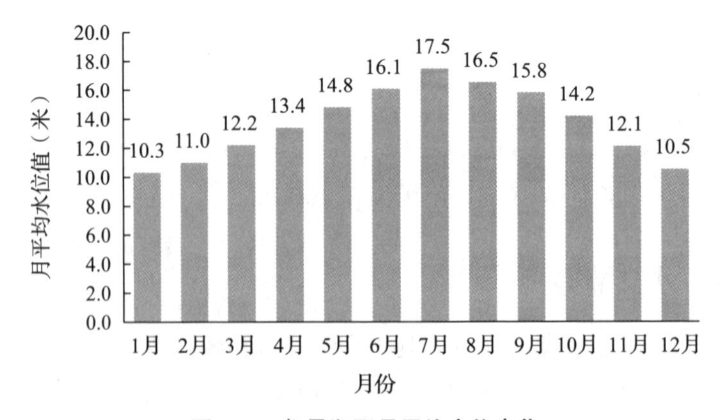

图2-2　都昌湖区月平均水位变化

2.3　气候

都昌地处亚热带湿润性季风气候区，且受鄱阳湖大水体影响，气候温和，雨量充沛，光照充足，热量丰富，无霜期长，结冰期短，但春、秋季时间短，夏、冬季时间长。都昌四季分明，四季气候各有特征：春季气候回暖，降雨递增，但冷暖多变，常有春寒和雷雨大风及冰雹发生；初夏、盛夏闷热潮湿，降雨集中，常有洪涝灾害，夏末天气炎热，天旱少雨；秋季秋高气爽，日暖夜凉，少数年份有秋雨绵绵的“烂秋”现象；冬季北风盛行，前期晴天多霜，后期寒冷结冰，甚至北风大作、雨雪交加。

2.3.1　气温

都昌县年际平均气温为 17.5℃，变化幅度在 16.7～18.1℃。全年气温 1 月最冷，平均气温为 5.0℃，极端最低气温为 -12.1℃；7 月最热，平均气温 29.1℃，极端最高气温为 39.2℃（图 2-3）。由于受地形影响，都昌各地气温差异较大，北到东北部低山高丘地区的日平均气温较南部沿湖地区要低 2～3℃、因此大港、岭、苏山等山区春、夏季节来得偏迟，秋、冬季节偏早出现，四季气温也相应偏低。而周溪、南峰、万户、左里是都昌县地区的高温地带。

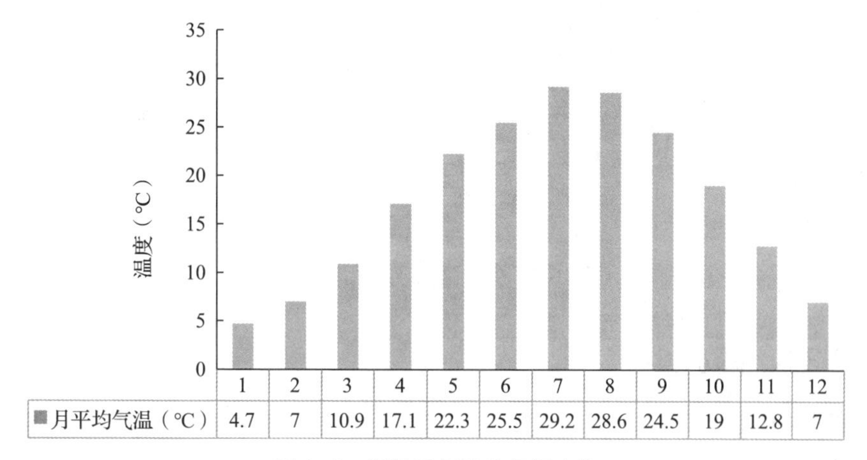

图 2-3　都昌县月平均气温变化

都昌县气象资料（1980—2020 年）显示，保护区年平均气温上下波动，近 40 年来，最低值出现在 1984 年，年平均气温为 16.4℃；最高值出现在 2007

年，年平均气温为 18.6℃，而整体呈上升趋势（图 2–4）。

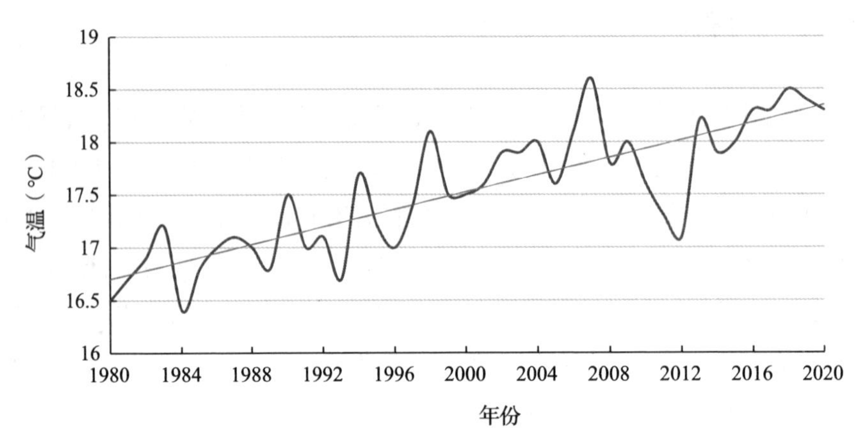

图 2–4　保护区年平均气温变化

2.3.2　湿度

都昌县相对湿度月际变化较小（图 2–5）。最小值出现在 12 月，相对湿度为 75%；最大值出现在 6 月，相对湿度为 83%。

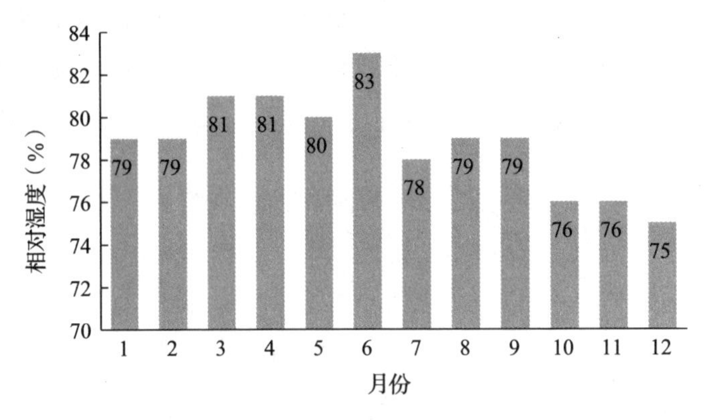

图 2–5　保护区月平均相对湿度

2.3.3　降水量

都昌县累计年平均降水量为 1558.7mm，以 1998 年 2274.7mm 为最多，以 2007 年 882.7mm 为最少（图 2–6）。由于地表及地表植皮状态不同，以及受鄱阳湖水位效应等影响，沿湖湿泽地区降水量比大港等山区要多。历年 24h 最大降水量 193.4mm，出现在 1998 年 6 月 25 日；最长连续降水日数为 14d（1996 年 6 月 23 日

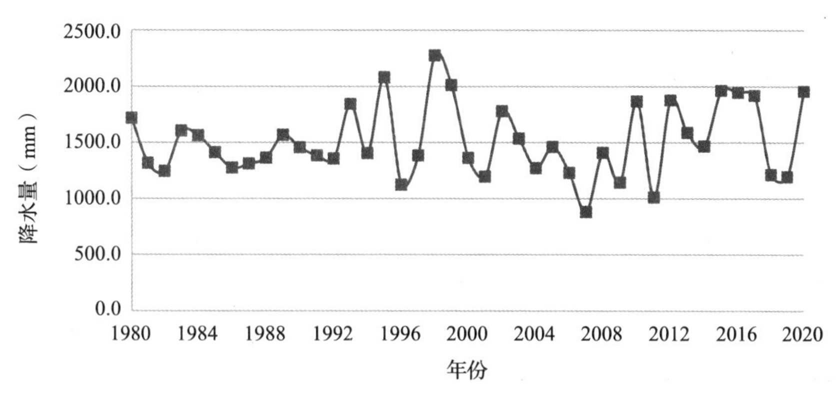

图 2-6　都昌县年平均降水量

至 7 月 6 日）。全年平均各级别降水日数：降水量≥0.1mm 为 144d，降水量≥5mm 为 65d，降水量≥25mm 为 19d，降水量≥50mm 为 5d，降水量≥100mm 为 1d。

都昌县降水量主要集中在 3—8 月，其中，4—6 月降水量最大（表 2-1）。3—8 月各月平均降水量分别为 138.3mm、195.1mm、203.4mm、247.2mm、164.2mm 和 119.9mm。3—6 月降水天数最多，均接近或超过 15d。3 月最长连续降水天数达 19d。9 月到翌年 2 月降水量较少，均小于 100mm。其中，12 月降水量最少，仅为 37.9mm；10 月最长连续降水天数最少，仅为 6d。

表 2-1　都昌县月降雨量、降雨天数和最长连续降水天数

月份	平均月降水量（mm）	日降水量≥0.1mm 的天数（d）	最长连续降水天数（d）
1	66.5	12.7	12
2	95.5	13.0	17
3	138.3	16.2	19
4	195.1	16.4	16
5	203.4	15.0	10
6	247.2	14.9	13
7	164.2	10.9	14
8	119.9	10.0	7
9	72.6	7.0	12
10	63.0	7.6	6
11	68.9	8.4	10
12	37.9	8.2	12

2.3.4 日照

都昌县累年年平均日照时数为1784.7h，日照率为40%；日照时数最长的是1992年（累计2036.6h），最短的是2002年（累计1604.4h）；就月而论，7—10月每月日照180～240h最长，1—3月每月日照90～100h，为最短。年平均太阳总辐射量为98.16kcal/cm^2，7—10月太阳月辐射量在9.9～13.2kcal/cm^2；1—3月月辐射量为5～6kcal/cm^2。由于都昌境内地理之差别，山区及高丘地带光照资源偏少，沿湖平原光照更加充足，属九江地区最多的县。日平均气温稳定通过10℃期间的生理辐射总量为1kcal/cm^2，对双季稻增产挖潜非常有利。

2.3.5 积温

累年平均≥0℃的活动积温为6090～6600℃，除大港、蔡岭、苏山部分山区外，其余各地年正积温均在6200℃以上；双季稻生长期间，10～20℃积温达3900～4700℃。

2.3.6 风向风速

都昌地处亚热带季风区，风向有明显的交替过程，7—8月盛行偏南风，其余各月多偏北风；在变性高压脊的控制下，白天多偏南风；早晚为偏北风。四向风出现占比：偏北风占53%，偏东风占16%，偏南风占17%，偏西风占5%，静风占10%。≥8级大风以严冬元月和春、夏之交的3—4月最多，最大风速为21.3m/s。

2.4 土壤

都昌全县共有土壤面积1909181.4亩[①]，可分为7个土类，分别是红壤、黄棕壤、紫色土、棕色石灰土、草甸土、风沙土、水稻土。

（1）红壤

该类型有3个亚类，12个土属，共32个土种。该类型面积共981862.6亩，

① 1亩=1/15hm^2，下同。

占土壤总面积的51.4%，其中，自然土壤面积为770549.8亩，耕作土壤为211312.8亩。该类型分布于县境东南和北中。

（2）黄棕壤

该类型面积共87220.8亩，占土壤总面积的4.6%，分布在北西部春桥、左里、多宝、蔡岭、徐埠、苏山、汪墩、北山、都昌镇、大树等乡镇的河湖阶梯以上，丘陵红壤以下，海拔30～50m的范围内。

（3）紫色土

该类型面积共15531.4亩，占土壤总面积的0.8%，其中，自然土壤6014.9亩，耕作土壤9526.5亩。该类型分布在大港、鸣山、三汊港、大沙、西源、周溪等乡镇的中低丘地区。成土母质为白系的紫砂岩沙砾岩风化物。该类除紫砂岩酸性色土土层浅薄，养分缺乏外，其余都适宜旱作或营林。

（4）棕色石灰土

该类型面积仅280亩，分布在大港镇。成土母质为碳酸盐类风化物。土层较厚，质地较黏，矿物养分丰富，适宜林木生长。

（5）草甸土

该类型面积28177.1亩，分布在鄱阳湖沿岸各乡镇，地形复杂低，海拔在14～18m。成土母质为河湖沉积物。腐殖质积聚较多，草本植物生长繁茂，是全县重要的有机肥料——湖草的来源地。

（6）风沙土

该类型面积45800.1亩，占土壤总面积数量的2.3%。该类型主要分布在多宝乡和都昌镇。风沙土松而不黏，水分贮存难，有机质、氯缺乏，具有“燥”的特性，植物难以生长。蔓荆子为其主要植被。

（7）水稻土

该类型面积750309.6亩，占土壤总面积的39.3%，占耕作土壤面积的72.2%。全县各乡镇均有分布。

第3章 社会经济现状

为了掌握保护区周边社会经济现状，笔者查阅了都昌县志、都昌年鉴和都昌县人口普查数据，并对保护区周边社区进行了社会经济走访调查。

3.1 地理位置

都昌县辖24个乡镇，40个居民委员会，259个行政村，共71.30万人口，其中，21个乡镇沿湖，湖岸线长约308km，占鄱阳湖岸线总长度的1/4。与保护区相邻的乡镇有多宝乡、北山乡、都昌镇、大树乡、和合乡、大沙镇、周溪镇、西源乡和三汊港镇。

3.2 人口

2019年末至2020年初，都昌县户籍总数24.8万户，户籍人口81.5万人，其中，男性43.1万人，女性38.4万人；城镇人口20.8万人，乡村人口60.7万人，户籍城镇化率25.6%；常住人口74.0万人，包括男性37.5万人、女性36.5万人，常住人口城镇化率41.0%。

按年龄分，18岁以下的210458人，18～35岁的有218754人，35～60岁的有279542人，60岁以上的有106080人。60岁以上人口占总人口的比重为13.0%。老年人口比重大大超过国际通用标准3个百分点，县级人口老龄化程度正在加剧。

从人口分布区域来看，农业人口占人口总数的74.4%，农村人口中有87.0%居住在沿湖乡镇，但湖区总人口数量呈现逐步下降趋势，很大一部分农村居民开始向城镇（市）集中转移。保护区周边多宝乡、北山乡、都昌镇、大树乡、和合乡、大沙镇、周溪镇、西源乡和三汊港镇人口在 15000～105000 人之间（表 3–1），其中，都昌镇是县城所在，人口数最多，达 103154 人；多宝乡人口数最少，仅 16650 人。

表 3–1　保护区周边乡镇人口数

所属区	常住人口（人）	男（人）	女（人）
都昌镇	103154	54471	48683
周溪镇	43849	22210	21639
三汊港镇	30890	16110	14780
大沙镇	30926	15512	15414
和合乡	22521	10784	11737
西源乡	20569	9753	10816
多宝乡	16650	8143	8507
北山乡	27443	13797	13646
大树乡	31407	15343	16064

3.3　社会经济

都昌县曾是江西省贫困县，2012 年，全县城镇非私营单位在岗职工平均工资为 25013 元，其中，国有单位在岗职工平均工资为 27680 元；全县农民人均纯收入 4186 元。经过多年的发展，都昌县于 2020 年完成脱贫摘帽，正式退出贫困县序列。2017 年，农村居民人均可支配收入 7843 元，城镇居民人均可支配收入 24531 元；2018 年，农村居民人均可支配收入 8722 元，城镇居民人均可支配收入 26518 元；2019 年，农村居民人均可支配收入 9664 元，城镇居民人均可支配收入 28586 元（表 3–2）。

表 3–2　都昌县 2015—2019 年社会经济基础信息

年份（年）	地区生产总值（亿元）	全县财政总收入（亿元）	农村居民人均可支配收入（元）	城镇居民人均可支配收入（元）
2019	208.7	15.6	9664	28586
2018	158.8	15.9	8722	26518
2017	130.0	14.9	7843	24531
2016	115.5	14.7	7066	22657
2015	95.0	14.9	6253	20882

3.4 产业情况

都昌县有 24 个乡镇，其中，保护区周边社区涉及 9 个乡镇，即西源乡、周溪镇、三汊港镇、大沙镇、和合乡、大树乡、都昌镇、北山乡和多宝乡，共有 94 个村民委员会，有 1493 个村民小组，共 67700 户，总人口 258004 人，均为汉族，全部为农业人口。第一产业依次以种植业、水产业和畜牧业为主，其中，农业主要以种植水稻为主，其次少量种植小麦、玉米、豆类、薯类、油料等作物；水产业中水产养殖占了 75.4%，说明渔业捕捞对当地经济的贡献比较低（表 3–3）。

社区调查资料显示，沿湖乡镇渔民家庭收入来源差异较大，但是外出务工逐渐成为重要收入来源。以调查的几个村为例，周溪乡柴棚村渔民外出务工收入占家庭收入的 88%，渔业收入仅占 5%；西源乡塘口村渔民外出务工收入占家庭收入的 65%，渔业收入占 30%；西源乡多宝回民村外出务工人数较少，务工收入只占家庭收入的 15%，渔业收入占 25%。

3.5 现状评价

都昌县虽有得天独厚的鄱阳湖生态、区位、资源优势，但缺乏重要和有力的抓手使之成为推动经济社会高质量发展的有效动能，未将生态优势转变为经济优势、资源优势转变为发展优势，湖区交通状况、基础设施落后，湖区经济发展势头和生态经济份额不足。随着社会经济的发展，都昌县城乡居民人均可支配收入逐年增加，但居民收入以务工为主要来源。人均旱田和水田面积较少，绝大多数居民旱田耕作收入不超过 5000 元，90% 以上的居民稻田收成不足 5000 斤。保护区周边居民的受教育程度普遍较低，绝大多数受访者仅受过初中及以下水平的教育。

生态保护、生态文明建设是习近平总书记心中的“国之大者”，为持之以恒地贯彻落实习近平总书记倡导的“人与自然生命共同体”理念，满足人民群众对美好生态的向往需求。建议：一是做好都昌县鄱阳湖生态保护和利用规划，与打造最美岸线、改善交通条件、促进乡村振兴进行有机衔接；二是争取国家、

表 3-3　保护区周边乡镇社会经济统计

乡镇名	村委会（个）	村民小组（个）	总人口（人）	谷物产量（t）	豆类产量（t）	薯类产量（t）	油料总产量（t）	棉花总产量（t）	水产		畜牧业	
									总产量（t）	其中，养殖（t）	肉类产量（t）	禽蛋（t）
都昌镇	4	40	13547	2468	31	2230	115	33	2416	1535	580	0
周溪镇	15	218	44128	13552	187	4104	1133	173	13705	9839	1082	26
三汊港镇	10	200	27806	10160	126	3293	1129	413	2047	2047	659	35
大沙镇	10	216	32224	11877	280	4269	1266	297	4989	4989	717	51
和合乡	10	171	30029	6047	175	3079	961	220	5906	2584	363	37
西源乡	11	93	28126	10408	133	2782	1014	178	6926	4615	805	2
多宝乡	11	132	18643	12377	52	3249	890	137	3237	2904	475	13
北山乡	12	231	31276	13921	85	3017	819	217	2093	1930	579	21
大树乡	11	192	32225	11072	72	3128	1505	231	2917	2917	1966	8
周边乡镇合计	94	1493	258004	91882	1141	29151	8832	1899	44236	33360	7226	193
都昌全县	259	4352	713032	356339	3756	76595	34698	5937	95418	76143	20356	587

省、市在政策、资金、项目上的大力支持、大投入，循序渐进、有的放矢地推进建设；三是注重引入社会资本参与、融合发展，但重大股份、核心要素必须牢牢掌握在政府层面；四是通过行政、经济、市场等综合手段打造生态品牌，不断释放生态保护前提基础上的资源利用红利，促进绿色生态经济的蓬勃兴起和发展。在省委、省政府的带领下以鄱阳湖为主阵地精心打造“美丽中国·江西样板”，同时着力打通绿水青山与金山银山的双向转换通道，大力推进生态产品价值实现。

第4章 浮游生物多样性及其时空变化

浮游生物主要包括浮游植物和浮游动物。浮游植物（phytoplankton）是一个生态学概念，是指在水中营浮游生活的微小植物，具有叶绿素，营自养生活，植物体没有真正的根、茎、叶的分化。通常浮游植物就是指浮游藻类，而不包括细菌和其他植物（Reynolds，2006）。浮游植物作为湖泊水生态系统中的初级生产者，可以成为物质流动和能量循环的衡量标准。浮游动物主要是指在水中营浮游生活且本身不能制造有机物的动物类群。浮游动物作为保护区内鱼类和候鸟的重要饲料，对保护区生态具有重要作用。本报告中的浮游动物主要指浮游甲壳动物，浮游甲壳动物也是一个生态学名词，是指属于节肢动物门（Arthropoda）甲壳纲（Crustacea）且营浮游生活的动物。通常所说的浮游甲壳动物包括枝角类（Cladocera）和桡足类（Copepoda）中营浮游生活的部分物种。其中，枝角类属于甲壳纲的鳃足亚纲（Branchiopoda）双甲目（Diplostraca）枝角亚目（Cladocera）（蒋燮治和堵南山，1979）。之前对保护区浮游生物的研究鲜有报道，本报告通过分析保护区浮游生物现状与相关因素，为保护区的生态环境保护与管理、潜在的环境演变和污染治理提供理论依据。

4.1 材料与方法

4.1.1 数据来源

本报告数据来自中国科学院鄱阳湖湖泊湿地观测研究站常规监测2011—2015年数据和南昌工程学院“江西省水文水资源与水环境重点实验室”2019—2020年的生态监测资料。本次研究以2011—2015年的数据为历史数据，以

2019—2020 年数据作为现状数据进行保护区历史变化趋势分析。同时，为有效对比分析保护区浮游生物的生物群落特征和历史变化趋势，依据调查点位的设置，将保护区划分为小矶山核心区、三山核心区、撮箕湖一般区和南矶一般区（图 4–1）。

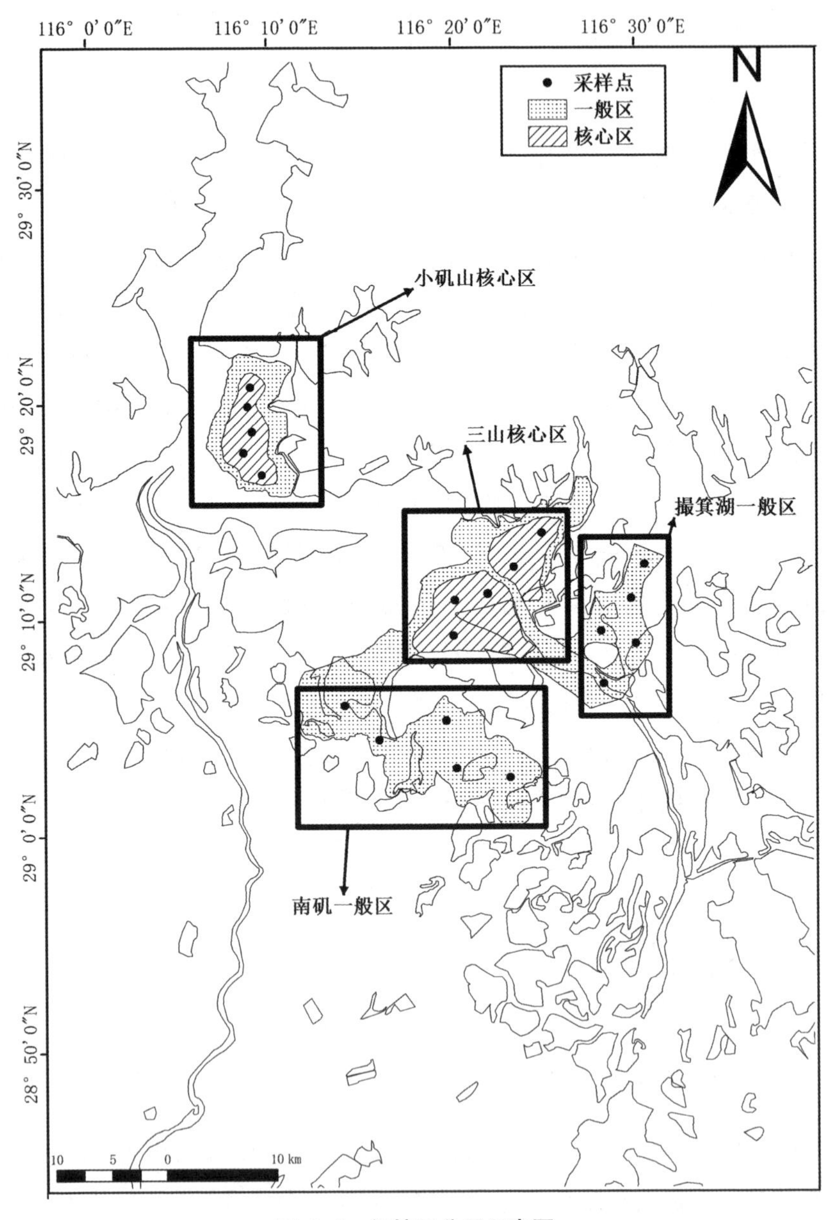

图 4–1 保护区分区示意图

4.1.2 样品采集及分析鉴定

浮游植物采用以下方法进行采样：采集浮游植物定性样品时，使用采集网收集浮游植物样品到浮游定性小瓶中，随后带回实验室并加 2mL 鲁格试剂固定；采集定量样品时，采水器每隔 0.5m 分 3 层采集，带回实验室将水样摇匀后倒入 1L 试剂瓶中，加 10mL 鲁格试剂固定，静置沉淀 24h 以上，用细小虹吸管吸去上层清液，定容至 30mL。在显微镜下进行定性镜检时，由于保护区内浮游植物主要种类是个体较大的硅藻门，并且细胞丰度不是很高。前人研究发现，用视野法或行格法更适合细胞较小、丰度较大的种类，若是采用视野法，则产生的误差较大，因此选用全片计数法，更能准确计算出细胞数量。浮游植物的现存量通常用细胞数量来表示，但是浮游植物在不同时期、不同地点、不同种类个体相差较大，于是本报告结合使用生物量来表示浮游植物现存量。生物量的测定采用细胞体积换算法，由于浮游植物的比重接近 1，所以可以直接由浮游植物的细胞体积换算为生物量（湿重），即生物量为浮游植物的数量乘以各自的平均细胞体积，单位为 mg/L 或 g/m^3。浮游植物的细胞体积先按近似的几何形状来测量，然后按体积公式求得体积。

浮游动物水样采用 5L 有机玻璃采样器（UWITEC-WSC）采集上、中、下 3 层混合水样，用 64-μm 的 25# 浮游生物网过滤 10L 水收集浮游动物。随后将其保存在 50mL 的聚乙烯塑料瓶内并加入最终体积分数为 4% 的福尔马林固定。之后，采用立体显微镜在 40 ～ 100 倍数下进行鉴定，枝角类鉴定到种一级水平，不能鉴定到种一级水平的全鉴定到属一级水平；桡足类成体只区分为哲水蚤目和剑水蚤目，非成体只区分无节幼体和桡足幼体。浮游动物的干重则采用体长与体重回归方程（Dumont et al.，1975）计算。

4.2 研究结果

4.2.1 浮游生物定性分析

4.2.1.1 浮游植物种类组成

本次调查统计总鉴定出浮游植物 8 门 129 种，其中，绿藻门（61 种）种类数占浮游植物总种类数的47.3%；其次是硅藻门（29种）和蓝藻门（23种），分别占浮游植物总数的22.5%和17.8%；最后是裸藻门（6种）、隐藻门（3种）、甲藻门（3种）、金藻门（2种）和黄藻门（2种），种类均较少，这5个门的浮游植物种类数占总种类数的比例均低于5%（图4–2）。

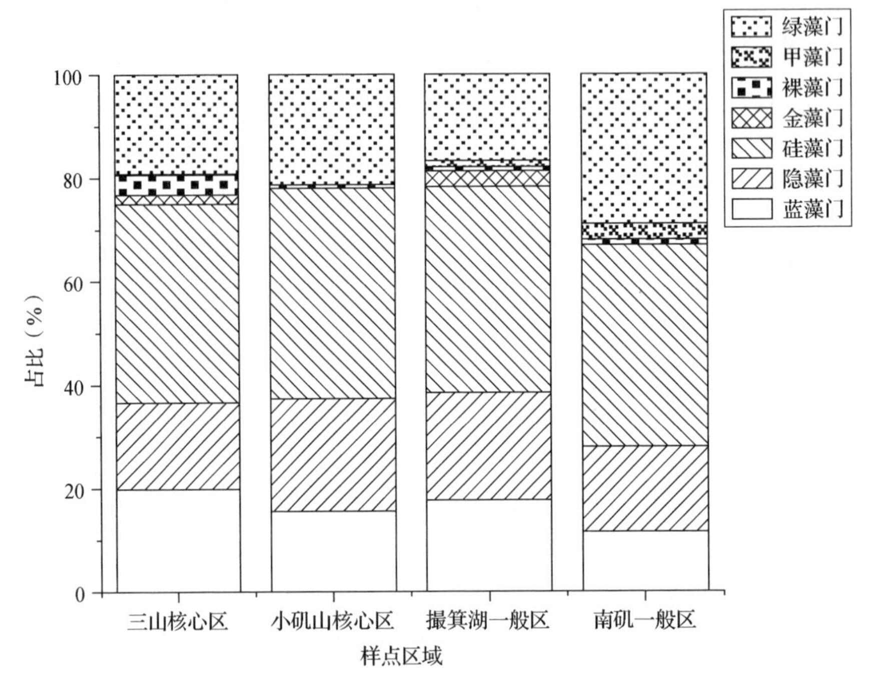

图4–2　2011—2015年各区域浮游植物名种属生物量占比

保护区不同区域浮游植物生物量空间差异较大（图4–2）。三山核心区、小矶山核心区、撮箕湖一般区和南矶一般区4个区域中硅藻门均为优势门类，其生物量分别占浮游植物生物量的38.4%、40.7%、40.1%和39.9%。蓝藻门、绿藻门和隐藻门生物量在保护区不同区域差异较大。其中，三山核心区中蓝藻门>绿藻门>隐藻门，分别占比为19.9%、16.7%和19.2%；小矶山核心区中隐藻门>绿藻门>蓝藻门，分别占比为21.8%、21.3%和15.6%；撮箕湖一般区中隐藻门>蓝藻门>绿藻门，分别占比为20.9%、17.8%和16.9%。南矶一般区中绿藻门>蓝藻门>隐藻门，分别占比为27.0%、16.1%和13.6%。

从图4–3可以看出三山核心区占比最大的是硅藻门，为62.2%；其次是绿

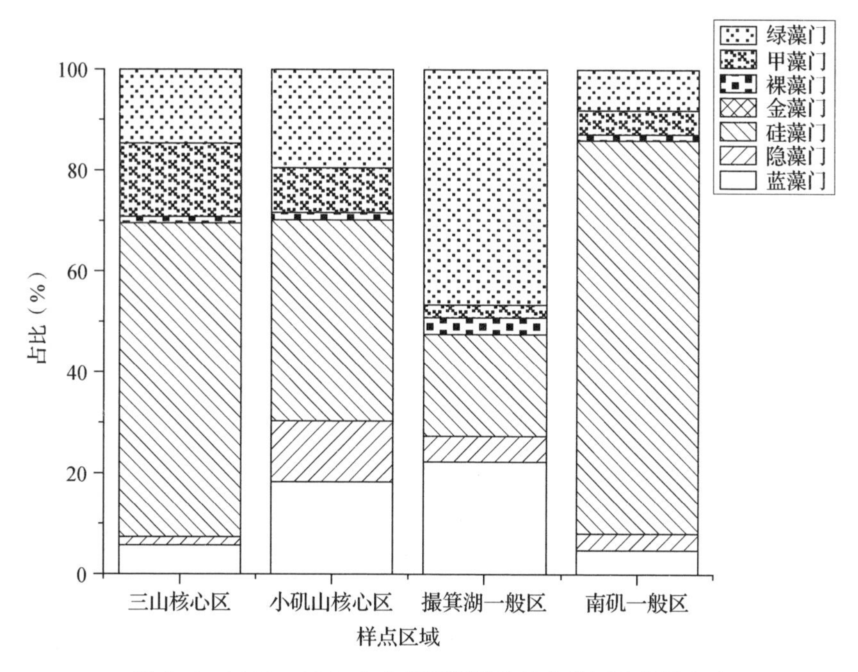

图 4-3　2019—2020 年各区域浮游植物各种属生物量占比

藻门和甲藻门，分别占比 14.7% 和 14.5%。小矶山核心区占比由大到小为硅藻门、绿藻门、蓝藻门和隐藻门，依次为 39.8%、19.5%、18.3% 和 12.0%。撮箕湖一般区从大到小依次为绿藻门、蓝藻门和硅藻门，分别占比为 46.6%、22.3% 和 20.2%。南矶一般区为硅藻门占比最大，为 78.1%，其次为绿藻门、甲藻门、蓝藻门和隐藻门，其生物量占比较少。

4.2.1.2　浮游动物种类组成

本次调查统计总鉴定出浮游动物 2 纲 49 种，其中包含枝角纲（35 种）和桡足纲（14 种）。从图 4-4 和图 4-5 可以看出，2011—2014 年，三山核心区、小矶山核心区和撮箕湖一般区浮游动物优势种属为枝角类，分别占浮游动物总生物量的 83.2%、91.3% 和 94.1%，而南矶一般区则以桡足类为优势种属，占比为 84.1%。而到 2019—2020 年，小矶山核心区、撮箕湖一般区和南矶一般区的优势种属为桡足类，其生物量分别占比 52.1%、57.0% 和 61.0%，而三山核心区依旧枝角类为优势种属，其生物量占比为 66.0%。

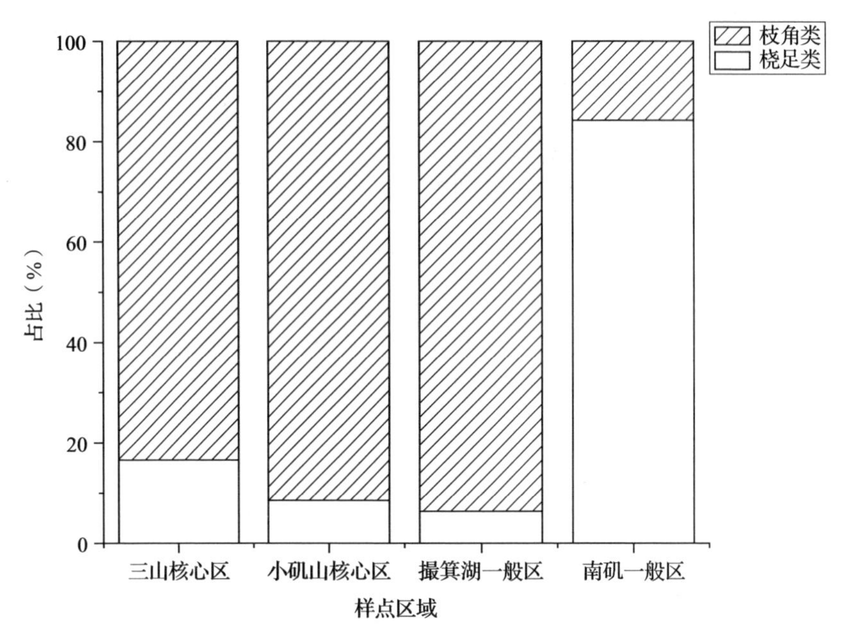

图 4-4　2011—2014 年各区域浮游动物各种属生物量占比

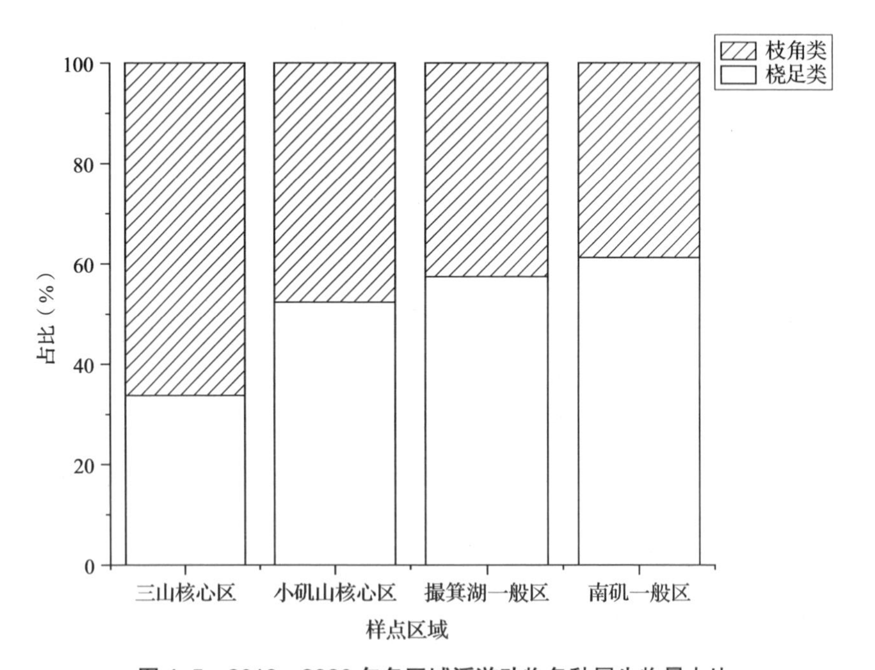

图 4-5　2019—2020 年各区域浮游动物各种属生物量占比

4.2.1.3　浮游生物多样性指数

Shannon–Wiener（香农 – 威纳）多样性指数（H）计算公式：

$$H=-\sum_{i=1}^{S}-p_i\ln p_i$$

式中，H 为浮游生物多样性指数；S 为物种数目；p_i 为属于种 i 的个体占全部个体种的比例。

Shannon–Wiener 多样性指数是反映种类数和个体数分配上的均匀性的指标，常用于反映群落结构的复杂程度，H 指数越大，说明群落结构越复杂，对环境的反馈功能越强，群落就越稳定。

由表 4–1 和表 4–2 可以看出，浮游植物多样性指数小矶山核心区随时间变化呈现增长趋势，证明随着时间变化，小矶山核心区浮游植物群落结构会变复杂，群落较 2011—2015 年更加稳定，而三山核心区、南矶一般区和撮箕湖一般区反之。从浮游动物多样性指数可以看出，随时间增长各个区域的浮游动物多样性指数全部呈现增长趋势，证明各个区域浮游动物群落结构随时间增长逐渐复杂，浮游动物群落也越来越稳定。从区域来看，2019—2020 年浮游生物群落结构最稳定的是小矶山核心区，稳定性较差的为南矶一般区。

表 4–1　浮游植物多样性指数

采样区域	2011—2014 年浮游植物多样性	2019—2020 年浮游植物多样性
三山核心区	1.51515	1.14364
小矶山核心区	1.35058	1.52809
撮箕湖一般区	1.47668	1.37023
南矶一般区	1.42855	0.85457

表 4–2　浮游动物多样性指数

采样区域	2011—2014 年浮游动物多样性	2019—2020 年浮游动物多样性
三山核心区	0.44933	0.639472
小矶山核心区	0.29132	0.692019
撮箕湖一般区	0.23607	0.682067
南矶一般区	0.43653	0.667710

4.2.2 浮游生物定量分析

4.2.2.1 浮游植物时空分布

从图 4-6 可以看出，撮箕湖一般区在 2011—2014 年浮游植物总生物量呈现增长趋势，2014—2020 年浮游植物总生物量呈现出下降趋势，三山核心区和小矶山核心区浮游植物总生物量随着时间的增长呈现不断上升趋势，在 2019—2020 年呈现出按指数增长趋势，而南矶一般区在 2011—2015 年浮游植物总生物量不断下降，2015—2019 年浮游植物总生物量处于平稳状态，2019—2020 年其总生物量呈指数增长趋势。

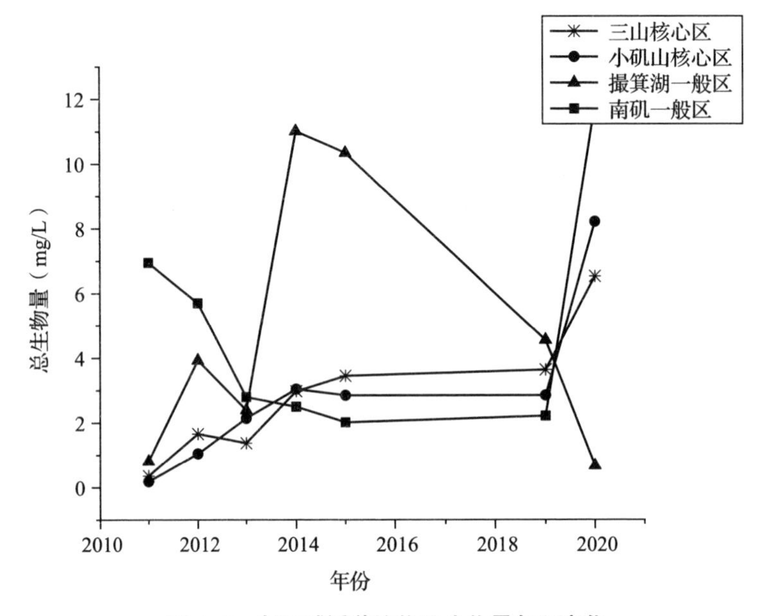

图 4-6　各区域浮游植物总生物量年际变化

从图 4-7 可以看出，2011—2015 年浮游植物总生物量撮箕湖一般区最多，其次是南矶一般区，三山核心区和小矶山核心区浮游植物总生物量相对较少。2019—2020 年浮游植物总生物量从大到小依次是南矶一般区、小矶山核心区、三山核心区和撮箕湖一般区。从历史趋势来看，南矶一般区、三山核心区和小矶山核心区现状浮游植物总生物量要高于历史浮游植物总生物量，在时间上呈增长趋势。而撮箕湖一般区现状浮游植物总生物量要低于历史浮游植物总生物量，即在撮箕湖一般区浮游植物总生物量随时间变化呈不断下降趋势。

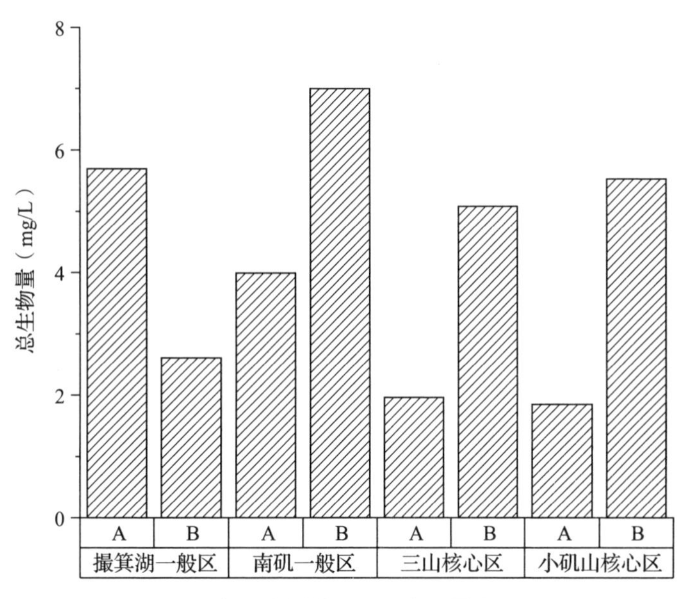

图 4–7　各区域浮游植物总生物量空间差异
（A. 2011—2015 年；B. 2019—2020 年）

4.2.2.2　浮游动物时空分布

从图 4–8 可以看出，三山核心区、撮箕湖一般区和南矶一般区浮游动物总生物量在 2011—2014 年生物量年际波动较大；2012 年，三山核心区浮游动物生物量最高，而撮箕湖一般区和南矶一般区浮游动物生物量均在 2012 年最低；而在 2019—2020 年，浮游动物总生物量均呈下降趋势。而小矶山核心区 2011—2019 年浮游动物总生物量保持相对稳定状态，但在 2019—2020 年呈指数增长趋势。

2011—2014 年，保护区浮游动物生物量最高的为三山核心区（图 4–9），其次为撮箕湖一般区、南矶一般区和小矶山一般区；2019—2020 年，保护区浮游动物生物量最高的为三山核心区和撮箕湖一般区，其次为小矶山核心区和南矶一般区。从整体来看，2019—2020 年浮游动物总生物量在各个区域皆大于 2011—2014 年各个区域浮游动物总生物量，浮游动物总生物量在时间上呈增长趋势。

4.2.3　优势种属时空变化趋势

4.2.3.1　浮游植物优势种属时空分布

三山核心区蓝藻总生物量在 2011—2015 年不断增长，在 2015 年达到峰值

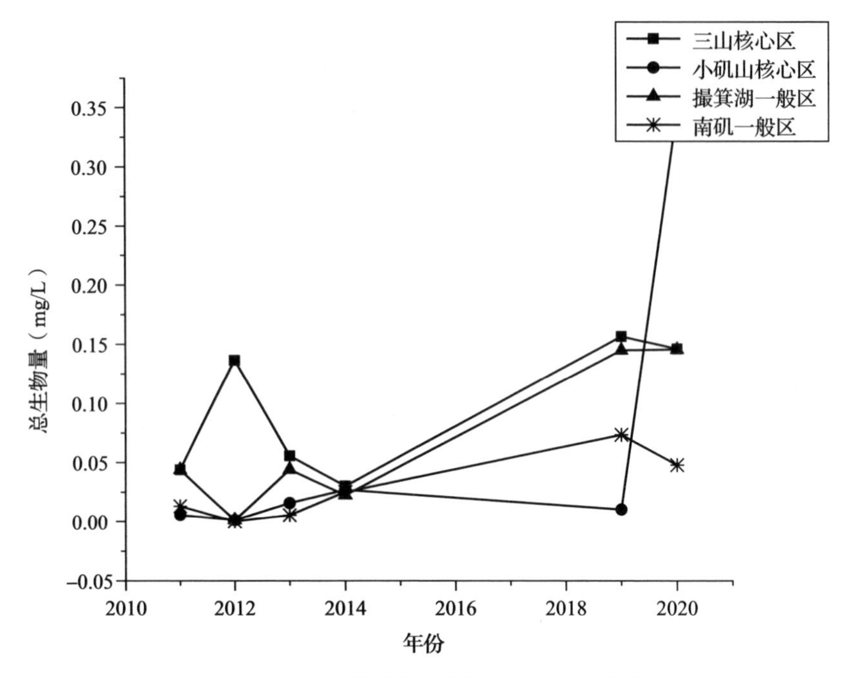

图 4-8　各区域浮游动物总生物量年际变化

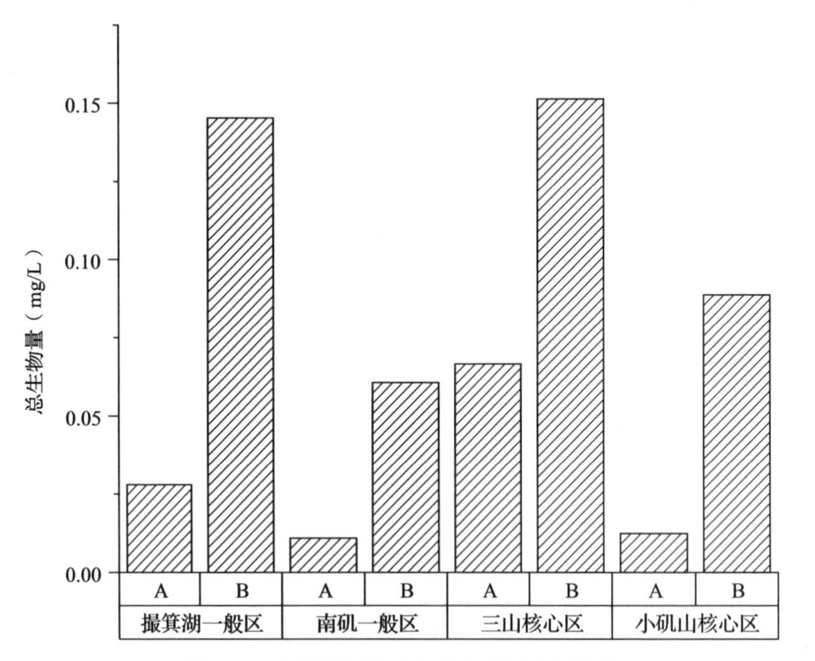

图 4-9　各区域浮游动物总生物量空间差异
（A. 2011—2014 年；B. 2019—2020 年）

后至 2019 年呈下降趋势，而在 2019—2020 年又开始不断上升（图 4–10）。小矶山核心区蓝藻总生物量年际变化趋势几乎与三山核心区一致，撮箕湖一般区变化趋势呈梯形变化，而南矶一般区先增长后减至初始状态。从硅藻角度来看，三山核心区和撮箕湖一般区在 2011—2019 年的变化趋势相近，这也与二者地理位置相近有关，但从 2019 年开始，三山核心区优势种生物量开始大幅度增长，而撮箕湖一般区则是开始下降，其余各区域均呈增长趋势。从隐藻角度，除小矶山核心区增长较明显外，其余 3 个区域变化均不明显，而绿藻生物量变化在小矶山核心区增长趋势明显，南矶一般区增长不是很明显，其余 2 个区域均呈先增后减、再增再减的趋势，且在 2019 年达到峰值。

从图 4–11 可以看出，蓝藻门总生物量在 2011—2015 年的分布情况，其中，

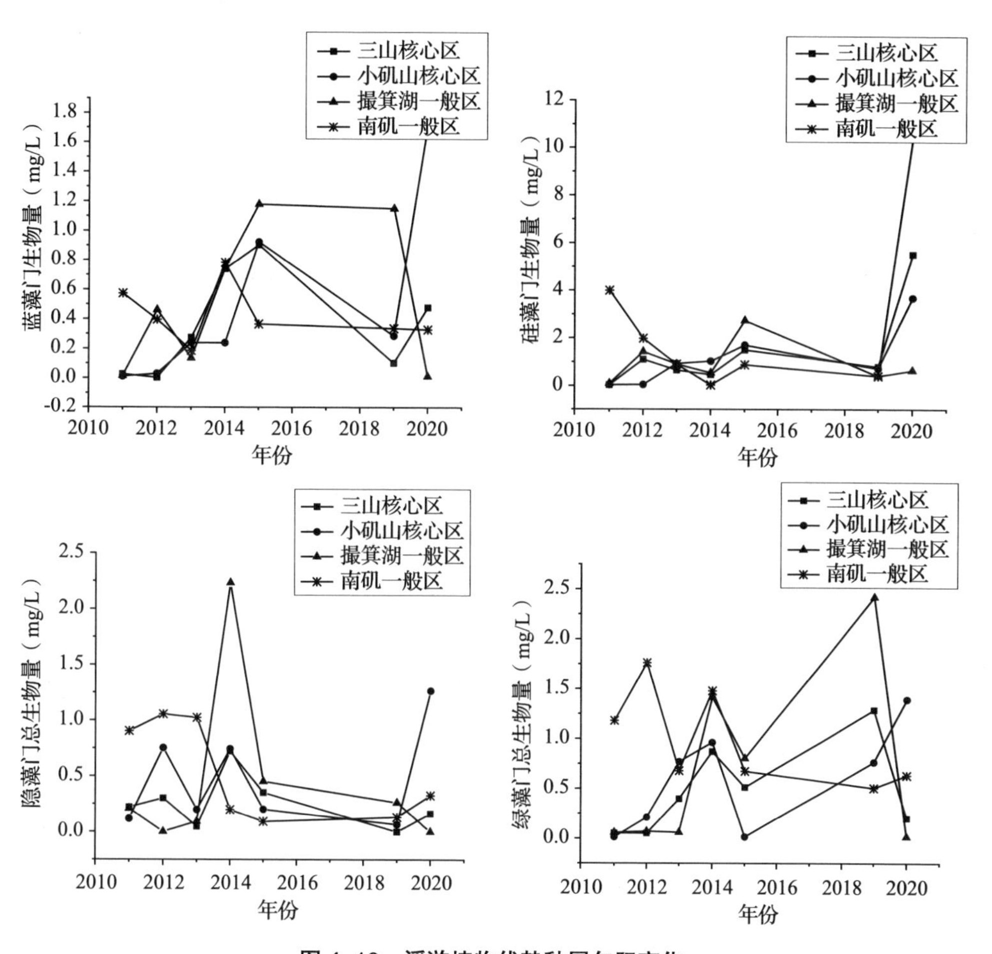

图 4–10　浮游植物优势种属年际变化

撮箕湖一般区最高，其次为南矶一般区、三山核心区和小矶山核心区。2019—2020年，小矶山核心区蓝藻门总生物量要远高于其他3个区域。撮箕湖一般区和小矶山核心区蓝藻门总生物量较历史数据而言，蓝藻门总生物量均有提高；南矶一般区和三山核心区历史发展则呈现下降趋势，蓝藻门总生物量随时间增长而逐渐减少。

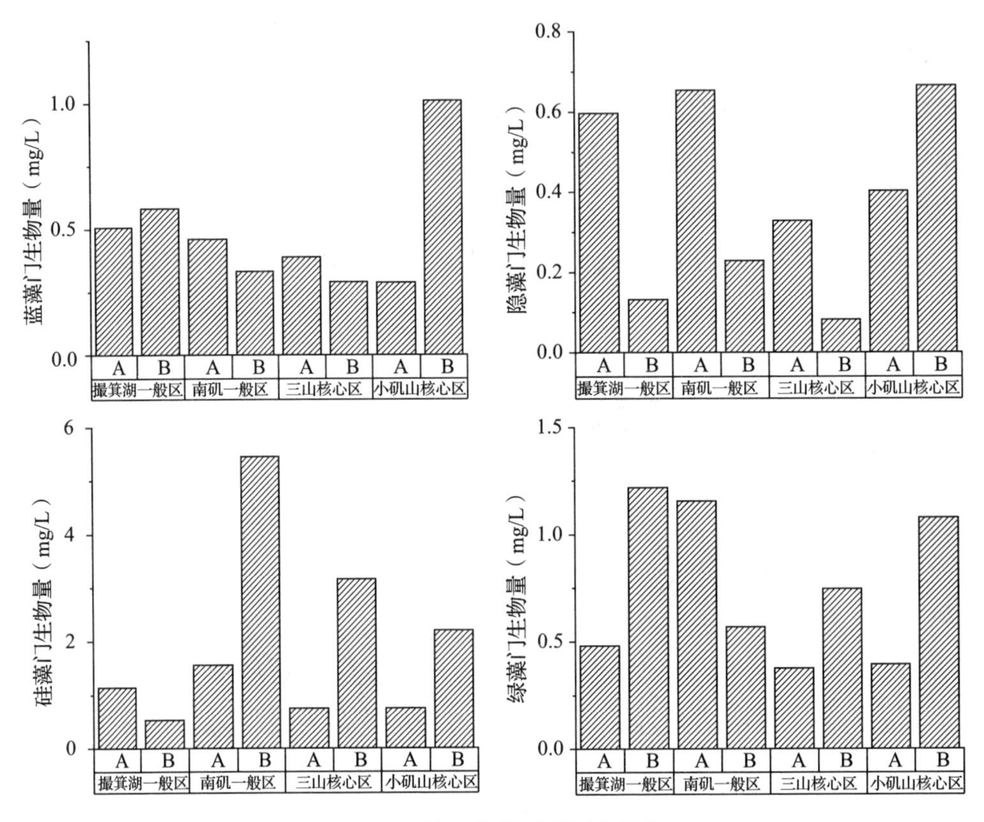

图 4-11　浮游植物优势种属空间差异

（A. 2011—2015 年；B. 2019—2020 年）

2011—2015年，隐藻门总生物量从多到少依次是南矶一般区、撮箕湖一般区、小矶山核心区和三山核心区。2019—2020年，隐藻门总生物量空间分布则以小矶山核心区为最高，其次是南矶一般区，撮箕湖一般区和三山核心区的隐藻门总生物量则是相对较少。从历史趋势来看，撮箕湖一般区、南矶一般区和三山核心区的蓝藻门总生物量是不断减少的；而小矶山核心区隐藻门总生物量较历史而言是增长的。

2011—2015年，南矶一般区硅藻门总生物量最多，其次是撮箕湖一般区，

而三山核心区和小矶山核心区相对较少。2019—2020 年，硅藻门总生物量从高到低依次是南矶一般区、三山核心区、小矶山核心区和撮箕湖一般区。就历史发展趋势而言，撮箕湖一般区硅藻门总生物量呈现下降趋势，而南矶一般区、三山核心区和小矶山核心区硅藻门总生物量则呈现上升趋势。

2011—2015 年，绿藻门总生物量南矶一般区最高，其次是撮箕湖一般区，而小矶山核心区和三山核心区几乎相等。2019—2020 年，绿藻门总生物量从多到少依次是撮箕湖一般区、小矶山核心区、三山核心区和南矶一般区。历史发展趋势为，南矶一般区绿藻门总生物量呈下降趋势，撮箕湖一般区、三山核心区和小矶山核心区的绿藻门总生物量则呈上升趋势。

4.2.3.2　浮游动物优势种属时空分布

从图 4–12 可以发现：2011—2014 年，各个区域桡足类浮游动物总生物量变化不大；2014—2019 年，小矶山核心区桡足类浮游动物生物量变化不大，其他各区域桡足类浮游动物生物量均呈现增长趋势；2019—2020 年，小矶山核心区和三山核心区桡足类浮游动物生物量增长，撮箕湖一般区和南矶一般区桡足类浮游动物总生物量下降。

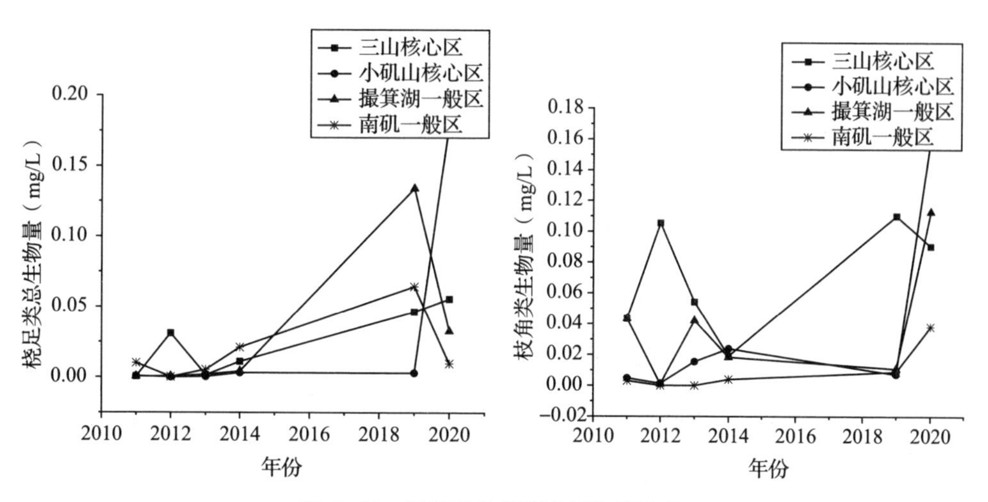

图 4–12　浮游动物优势种属年际变化

小矶山核心区、撮箕湖一般区和南矶一般区枝角类浮游动物总生物量在 2011—2014 年生物量变化不大，在 2019—2020 年枝角类浮游动物生物量开始增长。三山核心区枝角类浮游动物生物量变化趋势呈先增后减、再增再减趋势，在 2019 年枝角类浮游动物生物量达到峰值。

从图 4–13 可以看出，2011—2014 年桡足类浮游动物生物量三山核心区最高，其次是南矶一般区，小矶山核心区和撮箕湖一般区桡足类浮游动物生物量较少；2019—2020 年桡足类浮游动物生物量从多到少依次是撮箕湖一般区、三山核心区、小矶山核心区和南矶一般区。桡足类浮游动物生物量历史趋势各个区域均呈现增长趋势。

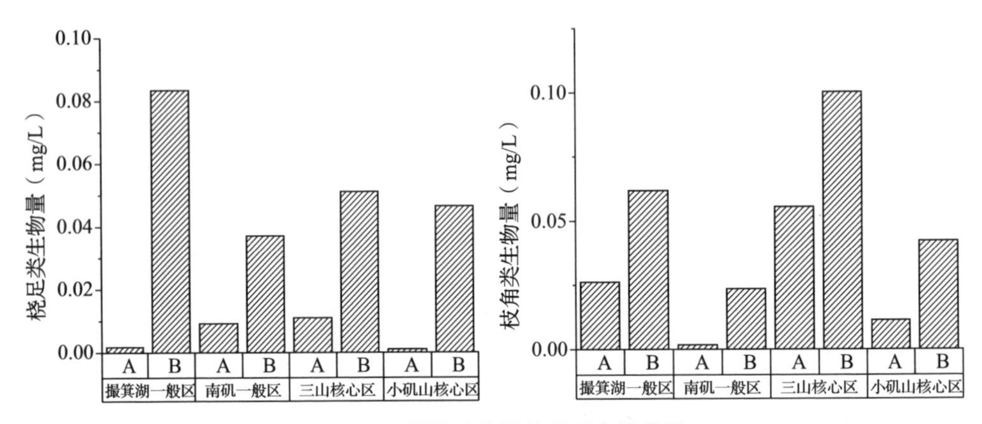

图 4–13　浮游动物优势种属空间差异

（A. 2011—2014 年；B. 2019—2020 年）

枝角类浮游动物生物量在 2011—2014 年从多到少是三山核心区、撮箕湖一般区和小矶山核心区，南矶一般区枝角类浮游动物生物量较少。2019—2020 年，枝角类浮游动物生物量最高为三山核心区，其次为撮箕湖一般区、小矶山核心区，南矶一般区枝角类浮游动物生物量最少。枝角类浮游动物生物量历史变化趋势与桡足类一样，各个区域枝角类浮游动物生物量均呈增长趋势。

4.2.4　浮游植物与环境因子的关系

4.2.4.1　浮游植物总生物量与环境因子的关系

根据浮游植物总生物量与环境因子的拟合结果，将 $R^2>0.09$ 视为显著影响，显著影响浮游植物总生物量的环境因子为透明度（R^2=0.1607）、氧化还原电位（ORP）（R^2=0.2341）、光合有效辐射（PAR）（R^2=0.1406）和高锰酸盐指数（COD_{Mn}）（R^2=0.0975），其中，透明度和 PAR 与浮游植物总生物量呈显著正相关，ORP 和 COD_{Mn} 与浮游植物总生物量呈显著负相关（图 4–14）。其他环境因子为非显著影响因子。

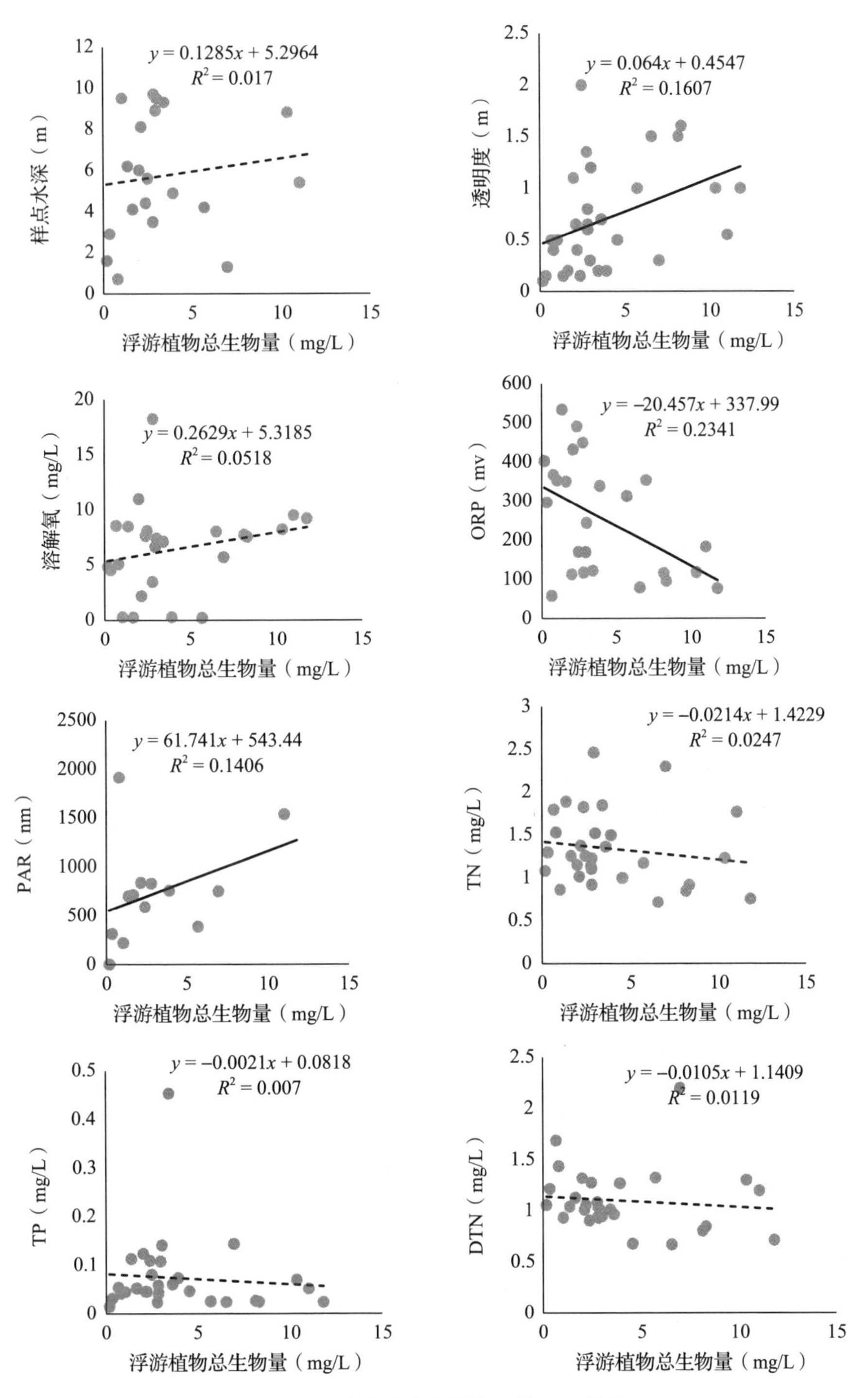

图 4–14　浮游植物生物量与环境因子的关系

TN：总氮；TP：总磷；DTN：总溶解性氮；NO_3–N：硝态氮；NH_4–H：氨态氮；PO_4–P：正磷酸盐（显著相关为实线，非显著相关为虚线）

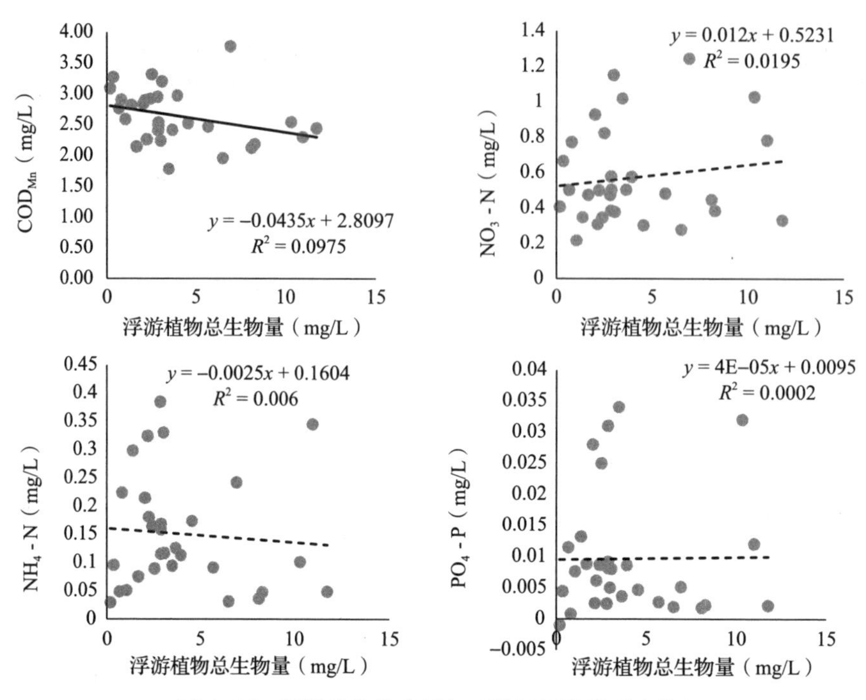

图 4–14　浮游植物生物量与环境因子的关系（续）

4.2.4.2　蓝藻门浮游植物总生物量与环境因子的关系

根据蓝藻门浮游植物总生物量与环境因子的拟合结果（图 4–15），显著影响蓝藻门浮游植物总生物量的环境因子为样点水深（R^2=0.2456）、透明度（R^2=0.2084）、溶解氧（R^2=0.1497）、ORP（R^2=0.3131）、PAR（R^2=0.1011）和 COD_{Mn}（R^2=0.1396），其中，样点水深、透明度、溶解氧和 PAR 呈显著正相关，ORP 和 COD_{Mn} 呈显著负相关。

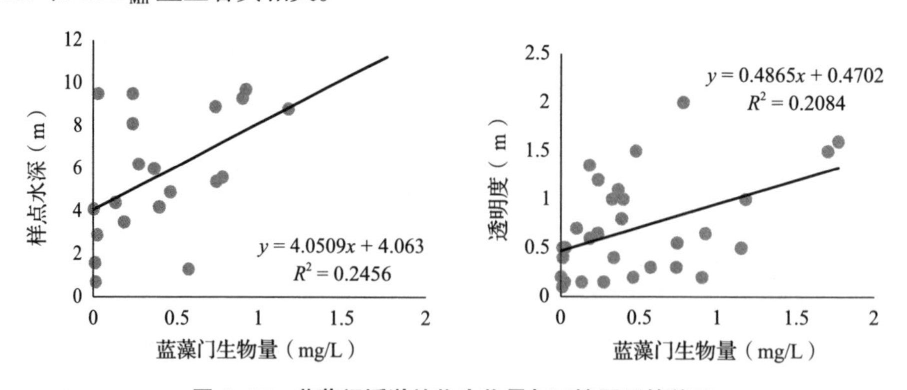

图 4–15　蓝藻门浮游植物生物量与环境因子的关系

（显著相关为实线，非显著相关为虚线）

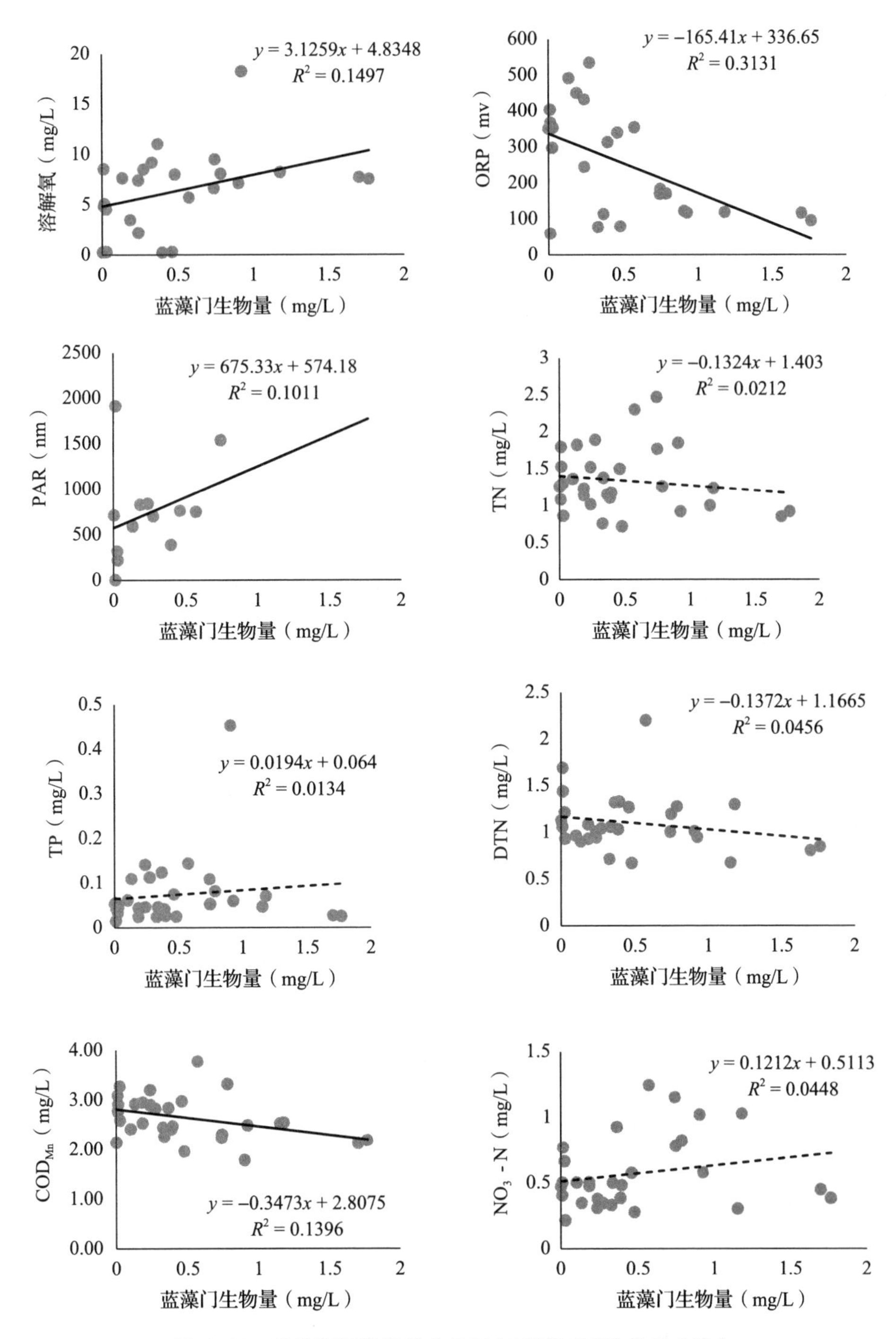

图 4–15　蓝藻门浮游植物生物量与环境因子的关系（续）

（显著相关为实线，非显著相关为虚线）

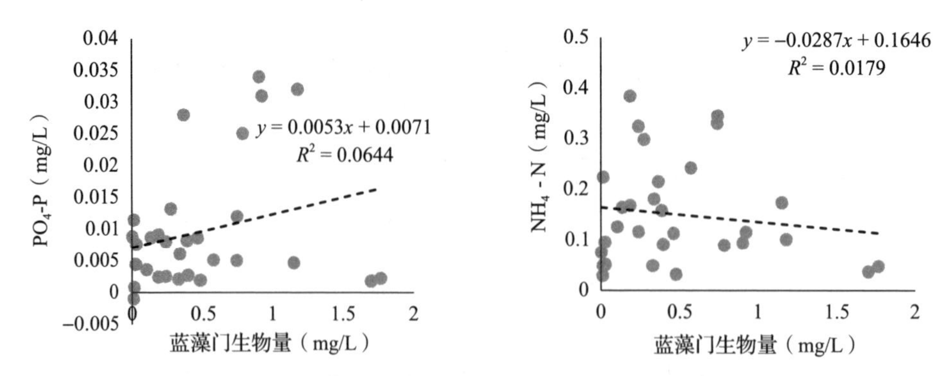

图 4-15　蓝藻门浮游植物生物量与环境因子的关系（续）

（显著相关为实线，非显著相关为虚线）

4.2.4.3　浮游动物生物量与环境因子的关系

根据浮游动物总生物量与环境因子的拟合结果，显著影响浮游动物总生物量的环境因子为水温（R^2=0.415）、pH（R^2=0.2825）和 ORP（R^2=0.1646），其中，pH 为显著正相关影响，水温和 ORP 为显著负相关影响（图 4-16）。

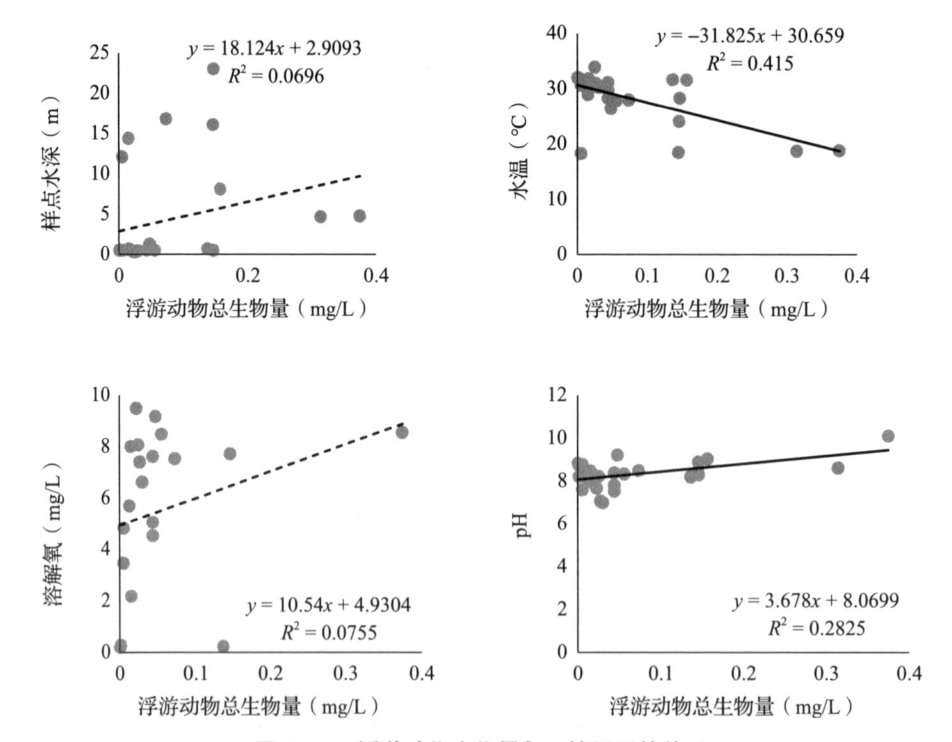

图 4-16　浮游动物生物量与环境因子的关系

（显著影响为实线，非显著影响为虚线）

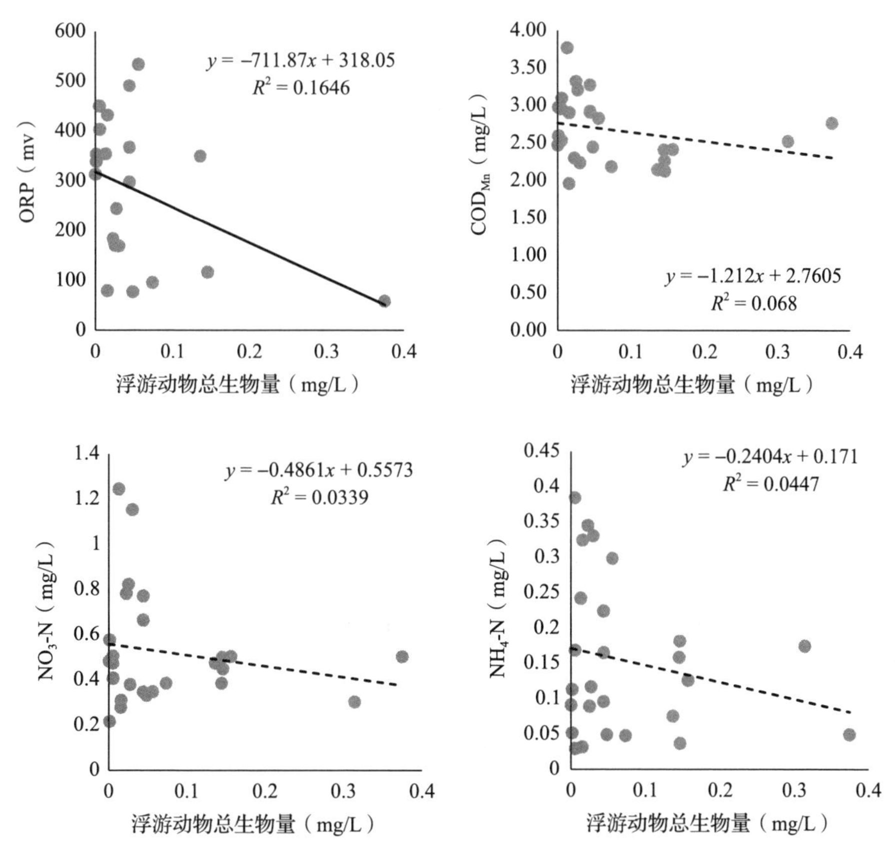

图 4–16　浮游动物生物量与环境因子的关系（续）

（显著影响为实线，非显著影响为虚线）

4.3　存在的问题

4.3.1　藻类水华的发展趋势

4.3.1.1　蓝藻水华的发展趋势

由图 4–11 可以看出三山核心区和南矶一般区在 2019—2020 年蓝藻门浮游植物总生物量较 2011—2015 年蓝藻门浮游植物总生物量降低，而小矶山核心区和撮箕湖一般区在 2019—2020 年蓝藻门浮游植物总生物量较 2011—2015 年蓝藻门浮游植物总生物量上升，2020 年，鄱阳湖野外采样调查时在南矶一般区和三山核心区网采时未发现蓝藻水华，但在撮箕湖一般区和小矶山核心区网采时发现有些许蓝藻水华，这也与数据结果相符合。撮箕湖一般区和小矶山核心区若按照蓝藻门浮游植物生物量年际变化趋势可能会暴发蓝藻水华。

水华蓝藻在鄱阳湖主湖区及保护区中的分布面积及生物量呈逐年增加的趋势。2010 年，都昌水域水华蓝藻生物量达到 0.15mg/L，军山湖水华蓝藻生物量达到 0.6mg/L。2012—2014 年位于东部和南部的撮箕湖、军山湖、南矶湿地、蚌湖以及主航道都昌水域的水华蓝藻生物量均相对较高。鄱阳湖主湖区及保护区的水华蓝藻季节变化趋势为：春季，撮箕湖、康山圩、军山湖和南矶湿地区域的蓝藻生物量较高；夏季蓝藻分布范围不仅包括军山湖、康山湖，在鄱阳湖主航道也有分布；秋季，水华蓝藻分布范围有所扩大，蚌湖、撮箕湖以及康山圩生物量均高于 1mg/L；冬季枯水期，军山湖、康山圩以及撮箕湖周围水域蓝藻生物量均较高。

4.3.1.2 富营养化污染物（总氮和总磷）的发展趋势

从图 4-17 可以看出，三山核心区、南矶一般区和小矶山核心区的总氮（TN）和总磷（TP）含量下降，而撮箕湖一般区总氮和总磷含量呈上升趋势。

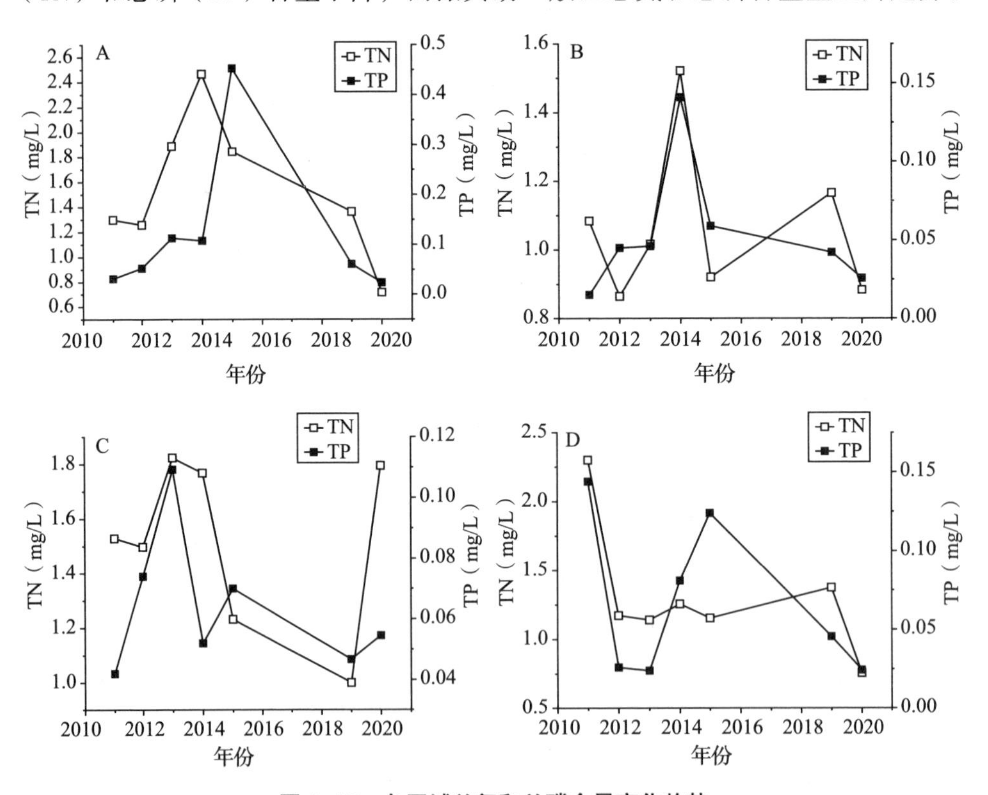

图 4-17　各区域总氮和总磷含量变化趋势

（A. 三山核心区；B. 小矶山核心区；C. 撮箕湖一般区；D. 南矶一般区）

氮磷含量变化会影响湖泊水体富营养化，导致湖泊蓝藻水华的爆发。

4.3.1.3　水环境因子的变化趋势

透明度和溶解氧各个区域均为增长之势，表现为撮箕湖一般区和南矶一般区 COD 含量随时间变化不断下降（图 4-18），这个结果和之前蓝藻门浮游植物与环境因子拟合相呼应，撮箕湖一般区和南矶一般区水质环境变差，可能会导致蓝藻水华。

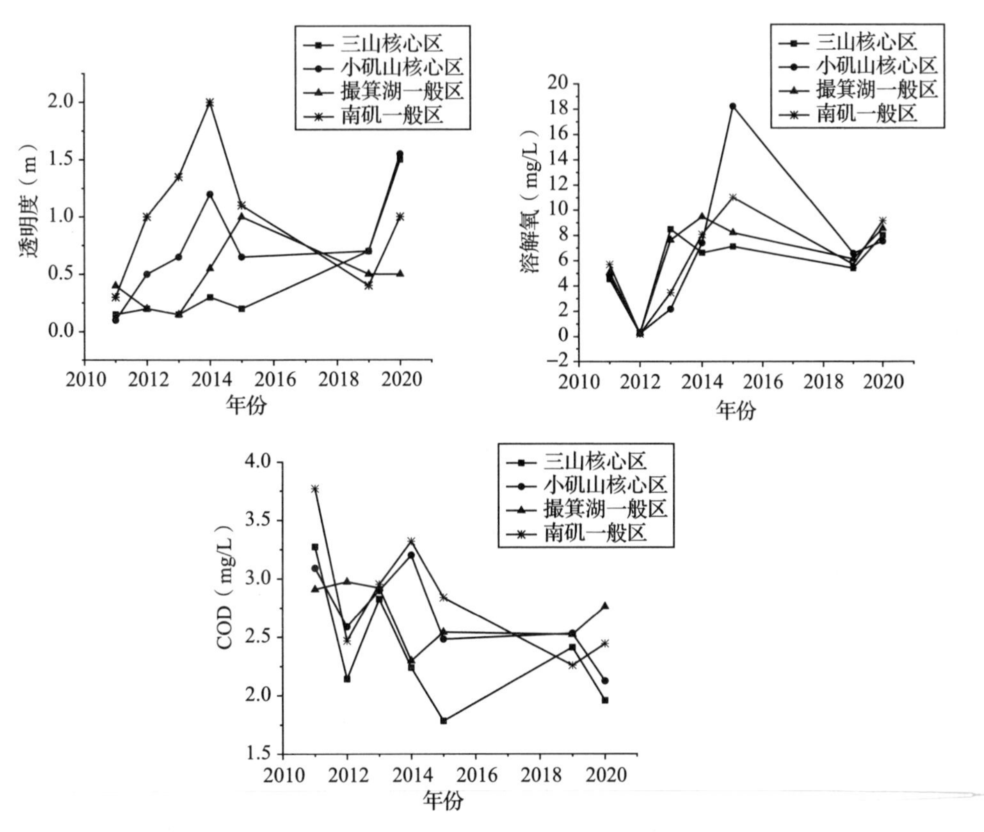

图 4-18　水环境因子年际变化趋势

综上所述，撮箕湖一般区随时间变化，可能会暴发蓝藻水华。

4.3.2　浮游动物多样性损失与小型化

保护区的浮游甲壳动物优势类群主要由小型个体组成，大型枝角类和桡足类成体的生物量只在冬季或部分春季占优势。大量研究表明，流速快的水体中，轮虫和小型甲壳动物（如枝角类微型裸腹溞、长额象鼻溞、桡足类无节幼体或桡足幼体等）占优势（Thorp et al.，1994; Bass et al.，1997; Bohn & Amundsen，1998）；缓流水体中大型浮游动物（如枝角类溞属和桡足类哲水蚤）的相对生物量会相应增加，甚至占优势（Thorp et al.，1994; Betsill & van den Avyle，1994; Branco et al.，2002; 林秋奇，2007）；枝角类象鼻溞和桡足类剑水蚤在缓流水体和激流水体中均可占优势。以国内外典型的河流、湖泊和水库为对象，对比和总结三种不同生境下，浮游甲壳动物优势类群的变化发现，生境类型而不是营养水平，对浮游甲壳动物群落构成有决定性的作用。河流生态系统中，桡足类的丰度相对稳定，且比例一般高于枝角类，枝角类的数量只偶尔在夏季高于桡足类（Basu & Pick，1997; Bass et al.，1997）；大型浮游甲壳动物，如僧帽溞、哲水蚤成体的数量很少，以小型的无节幼体和长额象鼻溞为主。湖泊生态系统中，大型溞属的部分种类（如透明溞、小栉溞）及剑水蚤的部分种类（如中剑水蚤和刺剑水蚤等）通常占优势，哲水蚤偶尔占优势。因为水库生态系统同时具有湖泊区和河流区，所以其浮游甲壳动物群落结构变化多样，有的水库浮游甲壳动物群落构成具有河流的特征（Masundire，1997），而有的具有湖泊的特征（Naselli-Flores & Barone，1997），有的同时具有两种特征（Bernot et al.，2004）。保护区在枯水期呈现河流形态，丰水期呈现湖泊形态；受水位变化影响，其生境类型在一年中会发生显著的转变。在水文作用弱的季节，溞属和桡足类成体等大型浮游动物占据优势；而在水文作用强的季节，通常是小型浮游动物（如象鼻溞和桡足类无节幼体等）占优势。

总生物量在研究期间发生了明显变化。浮游甲壳动物总生物量在2011年和2015年明显低于其他年份。撮箕湖一般区的生物量最高（134μg/L），小矶山核心区（85μg/L）和南矶一般区（46μg/L）次之。总体上，东部湖区生物量总是高于西部湖区，且最低的生物量总在南矶一般区出现；但最高生物量于2011年和2013年在撮箕湖核心区出现，其他年份在撮箕湖核心区或小矶山核心区出现。枝角类浮游动物生物量以及桡足类浮游动物生物量空间分布规律与总浮游甲壳动物生物量十分类似。

本报告研究发现，各优势类群浮游甲壳动物的空间分布规律与总浮游甲壳动物空间分布规律高度一致。优势类群浮游甲壳动物均表现为撮箕湖核心区最高，小矶山核心区次之，南矶一般区最低的趋势。而非优势的哲水蚤成体和剑水蚤成体的生物量则只零星出现在撮箕湖核心区或小矶山核心区与南矶一般区

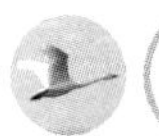

交汇的部分点位。

浮游甲壳动物平均个体重量则在低水位年份较高，如 2011 年和 2013 年，且 2011—2015 年总浮游动物平均个体重量和桡足类浮游动物平均个体重量呈现逐年降低的趋势。浮游动物平均个体重量的空间分布与总生物量的分布规律正好相反：空间上，三山核心区浮游动物的平均个体重量最小，南矶一般区最大。所有年份中，桡足类在低水位年份——2011 年拥有最高的平均个体重量，而同年枝角类的平均个体重量则最低。

4.3.3　水生态环境恶化风险

鄱阳湖独特的水位涨落特征使得其呈现出“洪水一片，枯水一线”的独特景观，在保护区水域中营养盐浓度在低水位期或退水期较高，高水位期较低。用 SPSS 软件分析发现，水位与总氮浓度呈显著相关性（$p<0.05$）。涨水期湖流增大，加上风浪的作用，将底泥中的营养物质释放到水体中，并且河流流量增大，将周围流域的农业污水、生活污水、工业污水等带入河流，使得营养盐汇集到湖区，使得水域中氮浓度升高，而夏季水位维持在较高水平，对于氮营养盐的稀释作用使得其浓度呈现下降趋势。磷营养盐的浓度与氮营养盐相比变化较小，低水位时浓度较大。国际上广泛认为，总氮浓度为 0.2mg/L、总磷浓度为 0.02mg/L 是发生富营养化的浓度，因此认为保护区水域具备了发生富营养化的氮、磷营养盐浓度条件。

水位通过影响水体中营养元素浓度来影响藻类的生长繁殖，水位上升阶段河流输入的营养物质使得藻类的生物量增加，高水位平均生物量较低主要由于稀释作用；透明度反映出水下光照条件对于藻类生长的影响，较强的光照条件有利于藻类进行光合作用；水温也是重要影响因素之一，适宜的光照和水温条件可以促进藻类的光合作用和呼吸作用，进而促进藻类的生长繁殖。有研究表明，氮营养盐浓度的下降可能会引起蓝藻疯长，特别是固氮类蓝藻在鄱阳湖的大量生长。保护区水域在 8 月氮营养盐浓度下降，创造了适宜蓝藻生长的氮磷质量比及高水位伴随着高水温、水流变缓导致的高透明度，因此，藻类在此时爆发性生长，并且蓝藻取代硅藻成为优势种。撮箕湖水域的藻类生物量较多，其他水域相对较少，撮箕湖位于东部湖湾，受到外来水体扰动少，水流流速缓，给藻类特别是蓝藻繁殖提供了有利条件。

根据加权营养状态综合指数法对保护区的评价，2019 年全年整体处于在中营养至富营养之间。从季节变化趋势分析，富营养化程度最高的季节是秋季，达到中度富营养状态；冬季和春季的营养状态水平低于夏季和秋季。通过上述主导因子分析发现，这可能与该季节的氮、磷营养盐浓度，光照强度，水流流速等条件有关。从单因子营养化状态指数来看，透明度（SD）的营养状态指数最高，达到中度富营养；其次是总氮，为轻度富营养；叶绿素 *a*（Chl a）的单因子营养状态指数在中营养至轻度富营养之间。因此，透明度和总氮为保护区水域富营养化的重要影响因子。撮箕湖水域类似于浅水湖泊，不易受到南北向的主流场影响，对于入湖的营养盐更加敏感，主要污染源包括水产养殖、工业污染和其他污染源。涨水期带来丰富的氮、磷营养盐聚集在湖湾中，当夏季达到适宜的水温、光照、流速条件时，水体中的藻类大量繁殖，蓝藻水华爆发，这是营养化程度加剧的重要标志。特别是撮箕湖水域，其相对三江口水域更为封闭，水流流速更缓，水龄也更大，加大了湖泊的富营养化风险。1989—2000 年，富营养化程度逐年加剧；2012—2016 年，综合营养状态处于轻度富营养的边缘，但秋季的综合营养状态指数仍然呈现逐年上升的总趋势。这可能与鄱阳湖枯水期逐年提前的水文情势相关，进入枯水期的时间比 2003—2016 年提前了约 30 天，2019 年枯水期的日数也居历史前列。退水期使得营养盐浓度升高，同时遇到高温天气，浮游植物新陈代谢加速，最终导致富营养化加剧。由图 4-17 和图 4-18 可知，撮箕湖一般区总氮和总磷含量在不断增长，其他 3 个区域总氮和总磷含量降低，并且撮箕湖一般区的水环境因子年际变化也符合蓝藻门生物量正向影响的发展趋势，故撮箕湖一般区水质不断下降，而其他 3 个区域水环境因子年际变化也符合蓝藻水华爆发要求，但是目前没有发现水质呈明显下降趋势。

第5章 底栖动物及鱼类多样性

5.1　调查范围及方法

为调查底栖动物，研究人员于2020年12月在保护区及其周边设置采样点6个，每个样点3次重复。底栖动物用采泥器采集，蚌类用自制蚌耙采集。为调查鱼类，研究人员于2020年12月在保护区及其周边设置样点6个，每个样点3次重复。此次调查用拖网收集调查鱼类。

5.2　底栖动物

5.2.1　种类组成

此次调查共记录底栖动物82种，分别隶属于环节动物门、软体动物门和节肢动物门（表5–1）。其中，环节动物门8科21种，占底栖动物总种数的25.6%；软体动物门8科37种，占底栖动物总种数的45.1%；节肢动物门9科24种，占底栖动物总种数的29.3%。

表5–1　保护区大型底栖动物种类组成及分布

种类	Ⅰ	Ⅱ	Ⅲ	Ⅳ	Ⅴ
环节动物门 Annelida					
多毛纲 Polychaeta					
Ⅰ沙蚕科 Nereididae					
1. 疣吻沙蚕 *Tylorrhynchus heterochaeta*					+
Ⅱ齿吻沙蚕科 Nephtyidae					
2. 寡鳃齿吻沙蚕 *Nephtys oligobanchia*	+				

（续）

种类	Ⅰ	Ⅱ	Ⅲ	Ⅳ	Ⅴ
寡毛纲 Oligochaeta					
Ⅲ仙女虫科 Naididae					
3. 参差仙女虫 *Nais variabilis*					+
4. 仙女虫 *Nais* sp.		+			
5. 多突癞皮虫 *Slavina appendiculata*					+
6. 癞皮虫 *Slavina* sp.			+		
7. 杆吻虫 *Stytaria* sp.				+	
8. 毛腹虫 *Chaetogaster* sp.					+
9. 头鳃虫 *Branchiodrilus* sp.	+				
Ⅳ颤蚓科 Tubificidae					
10. 霍甫水丝蚓 *Limnodrilus hoffmeisteri*		+	+	+	+
11. 水丝蚓 *Limnodrilus* sp.					+
12. 苏氏尾鳃蚓 *Branchiura sowerbyi*		+	+	+	+
13. 管水蚓 *Aulodrilus* sp.		+			
14. 盘丝蚓 *Bothrioneurum* sp.					+
15. 淡水单孔蚓 *Monopylephorus limosus*					+
16. 中华颤蚓 *Tubifex sinicus*	+	+	+	+	+
Ⅴ带丝蚓科 Lumbriculidae					
17. 带丝蚓属一种 *Lumbriculus* sp.					+
蛭纲 Hirudinea					
Ⅵ舌蛭科 Glossiphonidae					
18. 扁舌蛭 *Glossiphonia complanata*	+	+		+	+
19. 宽身舌蛭 *Glossiphonia lata*			+		
Ⅶ鱼蛭科 Ichthyobdellidae					
20. 湖蛭属一种 *Limnotrachelobdella* sp.					+
Ⅷ医蛭科 Hirudinidae					
21. 日本医蛭 *Hirudo nipponia*					+
软体动物门 Mollusca					
腹足纲 Gastropoda					

（续）

种类	Ⅰ	Ⅱ	Ⅲ	Ⅳ	Ⅴ
Ⅸ田螺科 Viviparidae					
22. 中国圆田螺 *Cipangopaludina chinensis*					+
23. 中华圆田螺 *Cipangopaludina cathayensis*					+
24. 铜锈环棱螺 *Bellamya aeruginosa*	+	+	+	+	
25. 梨形环棱螺 *Bellamya purificata*		+	+	+	+
26. 方形环棱螺 *Bellamya quadrata*	+			+	+
27. 球河螺 *Rivularia globosa*			+	+	
28. 耳河螺 *Rivularia auriculata*			+	+	+
29. 卵河螺 *Rivularia ovum*					+
Ⅹ豆螺科 Bithyniidae					
30. 长角涵螺 *Alocinma longicornis*	+			+	
31. 赤豆螺 *Bithynia fuchsiana*			+	+	+
32. 槲豆螺 *Bithynia misella*					+
33. 大沼螺 *Parafossarulus eximius*	+		+	+	+
34. 纹沼螺 *Parafossarulus striatulus*	+	+	+	+	+
35. 中华沼螺 *Parafossarulus sinensis*				+	+
36. 曲旋沼螺 *Parafossarulus anomalospiralis*					+
Ⅺ肋蜷科 Pleuroceridae					
37. 方格短沟蜷 *Semisulcospira cancellata*	+	+	+	+	+
38. 格氏短沟蜷 *Semisulcospira gredleri*					+
Ⅻ椎实螺科 Lymnaeidae					
39. 耳萝卜螺 *Radix auricularia*				+	+
40. 折叠萝卜螺 *Radix plicatula*				+	
41. 椭圆萝卜螺 *Radix swinhoei*					+
42. 狭萝卜螺 *Radix lagotis*					+
XⅢ扁蜷螺科 Planorbidae					
43. 凸旋螺 *Gyraulus convexiusculus*			+	+	
44. 尖口圆扁螺 *Hippeutis cantori*			+	+	
45. 大脐圆扁螺 *Hippeulis umbilicalis*					+

（续）

种类	Ⅰ	Ⅱ	Ⅲ	Ⅳ	Ⅴ
瓣鳃纲 Lamellibranchia					
XⅣ贻贝科 Mytilidae					
46. 淡水壳菜 *Limnoperna lacustris*	+	+			+
XⅤ蚌科 Unionidae					
47. 圆顶珠蚌 *Unio douglasiae*	+	+	+	+	+
48. 中国尖嵴蚌 *Acuticosta chinensis*				+	
49. 圆头楔蚌 *Cuneopsis heudei*					+
50. 扭蚌 *Arconaia lanceolata*		+			
51. 棘裂脊蚌 *Schistodesmus spineus*					
52. 短褶矛蚌 *Lanceolaria grayana*	+		+		
53. 洞穴丽蚌 *Lamprotula caveata*		+			+
54. 三角帆蚌 *Hyriopsis cumingii*				+	+
55. 褶纹冠蚌 *Cristaria plicata*					+
56. 蚶形无齿蚌 *Anodonta arcaeformis*				+	+
57. 椭圆背角无齿蚌 *Anodonta woodiana elliptica*					+
XⅥ蚬科 Corbiculidae					
58. 河蚬 *Corbicula fluminea*	+	+	+	+	+
节肢动物门 Arthropoda					
昆虫纲 Insecta					
XⅦ蜉蝣科 EpHemeridae					
59. 蜉蝣 *EpHemera* sp.	+	+	+		
XⅧ二尾蜉科 Siphlonuridae					
60. 二尾蜉 *Siphlonurus* sp.					+
XⅨ四节蜉科 Baetidae					
61. 二翼蜉 *Cloeon dipterum*					+
XX箭蜓科 Gomphidae					
62. 箭蜓 *Gomphus* sp.		+	+	+	
XXⅠ伪蜓科 Corduliidae					
63. 虎蜻 *Epitheca marginata*					+

（续）

种类	Ⅰ	Ⅱ	Ⅲ	Ⅳ	Ⅴ
XXII 蜻科 Libellulidae					
64. 黄蜻 *Pantala* sp.					+
XXIII 田鳖科 Belostomatidae					
65. 田鳖 *Lethocerus deyrollei*			+		
XXIV 龙虱科 Dytiscidae					
66. 龙虱科一种 Dytiscidae sp.					+
XXV 豉虫科 Gyrinidae					
67. 豉虫科一种 Gyrinidae sp.				+	
XXVI 蠓科 Ceratopogonidae					
68. 蠓科一种 Ceratopogonidae sp.					+
XXVII 虻科 Tabanidae					
69. 虻科一种 Tabanidae sp.	+				
XXVIII 摇蚊科 Chironomidae					
70. 花纹前突摇蚊 *Procladius choreus*					+
71. 粗腹摇蚊 *Pelopia* sp.			+		
72. 长跗摇蚊 *Tanytarsus* sp.					+
73. 小突摇蚊 *Micropsectra* sp.		+			
74. 隐摇蚊 *Cryptochironomus* sp.					+
75. 环足摇蚊 *Cricotopus* sp.					+
76. 雕翅摇蚊 *Glyptotendipes* sp.			+		
77. 菱跗摇蚊 *Clinotanypus* sp.					+
78. 摇蚊 *Cironmus* sp.	+			+	
79. 羽摇蚊 *Tendipes plumosus*					+
80. 红羽摇蚊 *Tendipes plumosus- reductus*				+	
甲壳纲 Crustacea					
XIV 匙指虾科 Atyidae					
81. 中华米虾 *Caridina denticulate sinensis*	+	+			
XV 长臂虾科 Palaemonidae					
82. 日本沼虾 *Macrobrachium nipponense*	+				+

5.2.2 分布特征

从不同样点看，V 号点近岸区，水流较缓慢，水草多，生境多样化，底栖动物物种数多达 54 种，该水域水草丰富，适宜中小型螺类栖息，沼螺、豆螺和椎实螺类很丰富。I 号点底栖动物 19 种，该水域生境为开阔水域，水草少，喜欢附着于水草上的螺类很少，该水域靠近主航道，水较深。

5.2.3 优势种及常见种

从定量采集的结果看，保护区大型底栖动物优势种为河蚬（39.9%）、苏氏尾鳃蚓（11.7%），常见种为梨形环棱螺（7.7%）、长角涵螺（7.3%）、铜锈环棱螺（6.7%）和方格短沟蜷（4.1%）等。以往报道的该水域优势种为背瘤丽蚌、洞穴丽蚌、天津丽蚌、三角帆蚌等。目前，一些大型贝类（如天津丽蚌、三角帆蚌、背瘤丽蚌）数量少。

5.2.4 大型底栖动物丰度

保护区底栖动物平均密度为 148.6ind./m^2，生物量为 65.2g/m^2。但不同季节、不同断面相差甚远。

不同类群的底栖动物间的生活习性差异也很大，有固着型、穴居型、游泳型等分类，按功能摄食类群分又有撕食者、收集者、捕食者等，这些都影响着底栖动物的分布，以及其对环境因子的偏好。

5.3 鱼类

5.3.1 种类组成

本次调查期间共监测到鱼类 48 种，分别隶属于 6 目 12 科 38 属（表 5–2），全部为纯淡水鱼类，未发现珍稀濒危及保护种类。鱼类组成以鲤形目为主，共 2 科 27 属 34 种，占总种数的 70.8%；鲈形目有 5 科 5 属 7 种，占总种数的 14.6%；鲇形目有 2 科 2 属 3 种，占总种数的 6.2%；胡瓜鱼目有 1 科 2 属 2 种，占总种数的 4.2%；鲱形目和颌针鱼目各有 1 科 1 属 1 种，分别占总种数的 2.1%（图 5–1）。

表 5-2　保护区鱼类名录

种类	生态类型			濒危状况		区系
	食性	栖息水层	生活习性	蒋志刚（2016）	IUCN①（2017）	
鲱形目 Clupeiformes						
鳀科 Engraulidae						
1. 短颌鲚 *Coilia brachygnathus*	肉食性	中上层性	定居性	无危	无危	东亚江河平原类群
鲤形目 Cypriniformes						
鲤科 Cyprinidae						
2. 马口鱼 *Opsariichthys bidens*	肉食性	中上层性	河流性	无危	无危	老第三纪原始类群
3. 青鱼 *Mylopharyngodon piceus*	肉食性	底层性	洄游性	无危	数据缺乏	东亚江河平原类群
4. 草鱼 *Ctenopharyngodon idella*	植食性	中下层性	洄游性	无危	数据缺乏	东亚江河平原类群
5. 鳡 *Elopichthys bambusa*	肉食性	中上层性	洄游性	无危	数据缺乏	东亚江河平原类群
6. 赤眼鳟 *Squaliobarbus curriculus*	杂食性	中下层性	洄游性	无危	数据缺乏	东亚江河平原类群
7. 鳤 *Ochetobius elongatus*	肉食性	中下层性	洄游性	易危	数据缺乏	东亚江河平原类群
8. 似鲚 *Toxabramis swinhonis*	杂食性	中上层性	定居性	无危	数据缺乏	东亚江河平原类群
9. 䱗 *Hemiculter leucisculus*	杂食性	中上层性	定居性	无危	无危	东亚江河平原类群
10. 贝氏䱗 *Hemiculter bleekeri*	杂食性	中上层性	定居性	无危	数据缺乏	东亚江河平原类群
11. 红鳍原鲌 *Chanodichthys erythropterus*	肉食性	中上层性	定居性	无危	无危	东亚江河平原类群
12. 翘嘴鲌 *Culter alburnus*	肉食性	中上层性	定居性	无危	数据缺乏	东亚江河平原类群
13. 蒙古鲌 *Chanodichthys mongolicus*	肉食性	中上层性	定居性	无危	无危	东亚江河平原类群
14. 鳊 *Parabramis pekinensis*	植食性	中下层性	洄游性	无危	数据缺乏	东亚江河平原类群

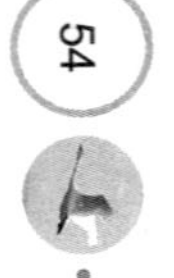

（续）

种类	生态类型			濒危状况		区系
	食性	栖息水层	生活习性	蒋志刚（2016）	IUCN①（2017）	
15. 似鳊 *Pseudobrama simoni*	植食性	中下层性	定居性	无危	数据缺乏	东亚江河平原类群
16. 鲢 *Hypophthalmichthys molitrix*	植食性	中上层性	洄游性	无危	近危	东亚江河平原类群
17. 鳙 *Hypophthalmichthys nobilis*	肉食性	中上层性	洄游性	无危	数据缺乏	东亚江河平原类群
18. 花䱻 *Hemibarbus maculatus*	肉食性	底层性	定居性	无危	数据缺乏	东亚江河平原类群
19. 华鳈 *Sarcocheilichthys sinensis*	杂食性	中下层性	定居性	无危	无危	东亚江河平原类群
20. 江西鳈 *Sarcocheilichthys kiangsiensis*	杂食性	中下层性	定居性	无危	数据缺乏	东亚江河平原类群
21. 黑鳍鳈 *Sarcocheilichthys nigripinnis*	杂食性	中下层性	定居性	无危	数据缺乏	东亚江河平原类群
22. 小鳈 *Sarcocheilichthys parvus*	杂食性	中下层性	定居性	无危	数据缺乏	东亚江河平原类群
23. 银鮈 *Squalidus argentatus*	杂食性	中下层性	定居性	无危	数据缺乏	东亚江河平原类群
24. 吻鮈 *Rhinogobio typus*	肉食性	底层性	定居性	无危	数据缺乏	东亚江河平原类群
25. 棒花鱼 *Abbottina rivularis*	杂食性	底层性	定居性	无危	数据缺乏	东亚江河平原类群
26. 蛇鮈 *Saurogobio dabryi*	杂食性	底层性	定居性	无危	数据缺乏	东亚江河平原类群
27. 大鳍鱊 *Acheilognathus macropterus*	杂食性	中下层性	定居性	无危	数据缺乏	东亚江河平原类群
28. 无须鱊 *Acheilognathus gracilis*	杂食性	中下层性	定居性	无危	数据缺乏	东亚江河平原类群
29. 兴凯鱊 *Acheilognathus chankaensis*	杂食性	中下层性	定居性	无危	数据缺乏	东亚江河平原类群
30. 短须鱊 *Acheilognathus barbatulus*	杂食性	中下层性	定居性	无危	无危	东亚江河平原类群
31. 鲫 *Carassius auratus*	杂食性	底层性	定居性	无危	无危	老第三纪原始类群
32. 鲤 *Cyprinus carpio*	杂食性	底层性	定居性	无危	易危	老第三纪原始类群

（续）

种类	生态类型			濒危状况		区系
	食性	栖息水层	生活习性	蒋志刚（2016）	IUCN[①]（2017）	
鳅科 Cobitidae						
33. 中华花鳅 *Cobitis sinensis*	杂食性	底层性	河流性	无危	无危	老第三纪原始类群
34. 泥鳅 *Misgurnus anguillicaudatus*	杂食性	底层性	定居性	无危	无危	老第三纪原始类群
35. 花斑副沙鳅 *Parabotia fasciata*	肉食性	底层性	定居性	无危	无危	南亚暖水性类群
鲇形目 Siluriformes						
鲇科 Siluridae						
36. 鲇 *Silurus asotus*	肉食性	中下层性	定居性	无危	无危	老第三纪原始类群
鲿科 Bagridae						
37. 黄颡鱼 *Pelteobagrus fulvldraco*	肉食性	底层性	定居性	无危	无危	老第三纪原始类群
38. 长须黄颡鱼 *Pelteobagrus eupogon*	肉食性	底层性	定居性	无危	数据缺乏	老第三纪原始类群
胡瓜鱼目 Osmeriformes						
银鱼科 Salangidae						
39. 大银鱼 *Protosalanx hyalocranius*	肉食性	中下层性	定居性	易危	数据缺乏	东亚江河平原类群
40. 短吻间银鱼 *Hemisalanx brachyrostralis*	肉食性	中下层性	定居性	易危	数据缺乏	东亚江河平原类群
颌针鱼目 Beloniformes						
鱵科 Hemiramphidae						
41. 间下鱵 *Hyporhamphus intermedius*	肉食性	中上层性	定居性	无危	数据缺乏	南亚暖水性类群

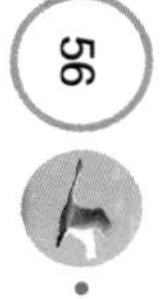

（续）

种类	生态类型			濒危状况		区系
	食性	栖息水层	生活习性	蒋志刚（2016）	IUCN[①]（2017）	
鲈形目 Perciformes						
鮨科 Serranidae						
42. 大眼鳜 *Siniperca knerii*	肉食性	中上层性	定居性	无危	数据缺乏	老第三纪原始类群
43. 长身鳜 *Siniperca roulei*	肉食性	中上层性	定居性	易危	数据缺乏	老第三纪原始类群
44. 斑鳜 *Siniperca scherzeri*	肉食性	中上层性	定居性	无危	数据缺乏	老第三纪原始类群
沙塘鳢科 Odontobutidae						
45. 小黄蚴鱼 *Micropercops swinhonis*	肉食性	底层性	定居性	无危	数据缺乏	老第三纪原始类群
虾虎鱼科 Gobiidae						
46. 子陵吻虾虎鱼 *Rhinogobius giurinus*	肉食性	底层性	河流性	无危	无危	老第三纪原始类群
鳢科 Channidae						
47. 乌鳢 *Channa argus*	肉食性	底层性	定居性	无危	数据缺乏	南亚暖水性类群
刺鳅科 Mastacembelidae						
48. 中华刺鳅 *Sinobdella sinensis*	肉食性	底层性	定居性	数据缺乏	无危	南亚暖水性类群乏

注：① IUCN 为世界自然组织保护联盟的英文缩写。

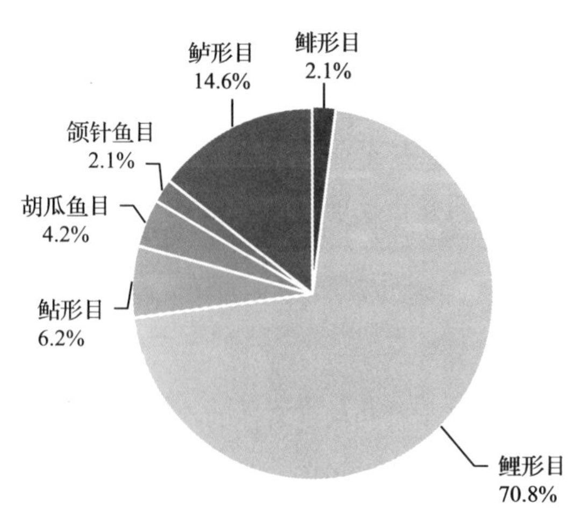

图 5-1　各目鱼类种数百分比

就各科鱼类种数而言，鲤科鱼类种数最多，有 24 属 31 种，占鱼类总种数 64.5%；鳅科和鮨科各 3 种，分别占鱼类总种数 6.2%；银鱼科和鲿科各 2 种，分别占鱼类总种数 4.2%；鳀科、鲇科、鱵科、沙塘鳢科、虾虎鱼科、鳢科、刺鳅科各 1 种，分别占鱼类总种数 2.1%（图 5-2）。

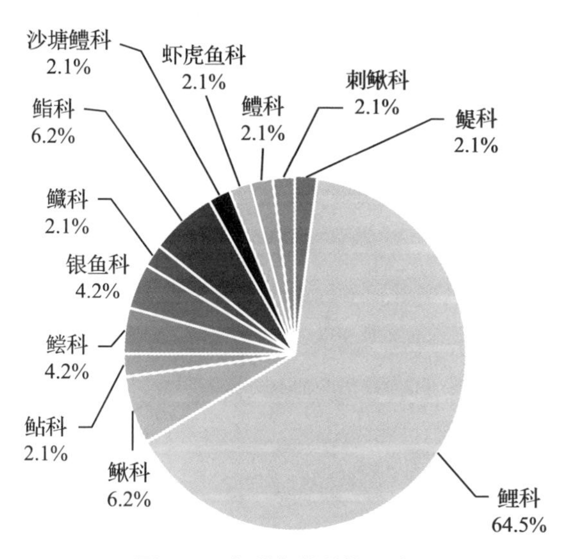

图 5-2　各科鱼类种数百分比

保护区鱼类优势种为草鱼、鲤、鲫、贝氏鳘、似鳊、江西鳈、鲢、银鮈、蛇鮈、间下鱵、短颌鲚、鳊和大眼鳜。

5.3.2 渔获物组成

在渔获物组成中，数量占比前三位的物种分别是贝氏䱗（17.5%）、鲫（10.6%）、似鳊（6.1%）；重量占比前三位的为草鱼（30.4%）、鲢（26.0%）、鲤（25.9%）。

5.3.3 生态类型

根据鱼类生活史各阶段洄游和栖息习性的水域环境条件的差异，保护区鱼类可以分为3种生态类型：定居性鱼类、江湖洄游性鱼类、河流性鱼类。其中，定居性鱼类38种，占总种类数的79.2%；江湖洄游性鱼类8种，占总种类数的16.7%；河流性鱼类2种，占总种类数的4.1%。

从鱼类食性看，保护区鱼类可划分为肉食性、植食性和杂食性，其中，肉食性的鱼类种类最多。

按鱼类栖息地，保护区鱼类可分为中上层性、中下层性和底层性鱼类，其中，以中下层性鱼类种类最多。

按鱼类濒危状况，有4种鱼易危，大部分鱼类无危。

鱼类区系组成以东亚江河平原类群为主。

第6章 两栖和爬行动物多样性

鄱阳湖湿地是我国最大的淡水湖泊湿地，位于长江南岸、江西北部，地理坐标为东经 115° 49′ ～ 116° 46′，北纬 28° 11′ ～ 29° 51′。鄱阳湖区分布有大面积的湖泊、草洲、泥滩与沼泽生境，栖息着种类繁多的鱼类、鸟类和兽类等动物。保护区位于都昌县，总面积 41100hm^2，以越冬候鸟及其栖息地为主要保护对象。地理坐标介于东经 116° 2′ 24″ ～ 116° 36′ 30″，北纬 28° 50′ 28″ ～ 29° 10′ 20″。

保护区北部与鄱阳湖国家级自然保护区毗邻，共同构建了鄱阳湖区越冬候鸟就地保护网络的主体框架，在鄱阳湖区鸟类保护与湿地生态系统保护中具有重要的地位。关于保护区两栖爬行动物的调查，目前尚未见报道。为了科学、翔实地掌握保护区两栖爬行动物的资源动态及其影响因素，笔者于 2021 年开展了该区两栖爬行动物资源调查。

6.1 调查方法

调查时间为 2021 年 5 月和 2021 年 7 月，由于丰水期保护区被水体覆盖，所以调查地点以两栖爬行动物重点分布的湖区泥滩、草滩及浅水区为主，兼顾周边农田、居民区等其他生境类型。野外调查借助船只、车辆及步行进行。调查以样线法为主，共确定 20 条长 2 ～ 5km、单侧宽 5m 的调查样线。观察记录样线及两侧遇见的两栖爬行动物物种，辅以蛙鸣声辨认。调查主要在夜间进行，在 19:30 至 22:30 沿水沟、湖边、林缘、农田边调查，采用“两步路”工具进行定位，记录物种种类和数量、经纬度坐标、海拔等，并用数码相机拍摄物种及其生境。同时，开展走访调查和资料收集，收集保护区及周边地区两栖爬行动物历史调查资料，访问保护区的管理人员、当地的村民，根据经验和资料核定访问到的物种。

6.2 结果与分析

6.2.1 种类组成

通过野外调查和资料查阅，保护区共记录两栖动物 12 种，隶属 2 目 6 科 12 属（表 6–1），包括蝾螈科 1 属 1 种，蟾蜍科 2 属 2 种，蛙科 4 属 4 种，叉舌蛙科 2 属 3 种，树蛙科 2 属 2 种，姬蛙科 1 属 1 种；共记录爬行动物 20 种，隶属 3 目 9 科 17 属，包括游蛇科 5 属 8 种，水游蛇科 3 属 3 种，蝰科 2 属 2 种，眼镜蛇科 2 属 2 种，鳖科、地龟科、壁虎科、石龙子科、蜥蜴科各 1 属 1 种。

在保护区 32 种两栖爬行动物中，乌龟（*Mauremys reevesii*）和虎纹蛙（*Hoplobatrachus chinensis*）属国家二级保护野生动物；斑腿泛树蛙（*Polypedates megacephalus*）、大树蛙（*Zhangixalus dennysi*）、银环蛇（*Bungarus multicinctus*）、赤链蛇（*Lycodon rufozonatus*）等 20 种列入《有重要生态、科学、社会价值的陆生野生动物名录》（表 6–1）。

表 6–1　保护区两栖爬行动物名录

种名	保护级别	区系	来源
两栖纲 Amphibia			
有尾目 Caudata			
（一）蝾螈科 Salamandridae			
蝾螈属 *Cynops*			
1. 东方蝾螈 *Cynops orientalis*		华中区	*
无尾目 Anura			
（二）蟾蜍科 Bufonidae			
蟾蜍属 *Bufo*			
2. 中华蟾蜍 *Bufo gargarizans*	☆	广布种	
头棱蟾属 *Duttaphrynus*			
3. 黑眶蟾蜍 *Bufo melanostictus*	☆	华中华南区	*
（三）蛙科 Ranidae			
蛙属 *Rana*			

（续）

种名	保护级别	区系	来源
4. 镇海林蛙 *Rana zhenhaiensis*		华中华南区	
水蛙属 *Hylarana*			
5. 沼水蛙 *Hylarana guentheri*		华中华南区	
侧褶蛙属 *Pelophylax*			
6. 黑斑侧褶蛙 *Pelophylax nigromaculatus*		广布种	
琴蛙属 *Nidirana*			
7. 弹琴蛙 *Rana adenopleura*		华中华南区	
（四）叉舌蛙科 Dicroglossidae			
陆蛙属 *Fejervarya*			
8. 泽陆蛙 *Fejervarya multistriata*		华中华南区	
虎纹蛙属 *Hoplobatrachus*			
9. 虎纹蛙 *Hoplobatrachus chinensis*	Ⅱ	华中华南区	*
（五）树蛙科 Rhacophoridae			
泛树蛙属 Polypedates			
10. 斑腿泛树蛙 *Polypedates megacephalus*	☆	华中华南区	
张树蛙属 *Zhangixalus*			
11. 大树蛙 *Zhangixalus dennysi*	☆	华中区	*
（六）姬蛙科 Microhylidds			
姬蛙属 *Microhyla*			
12. 饰纹姬蛙 *Microhyla fissipes*		华中华南区	
爬行纲 Reptilia			
龟鳖目 Testudines			
（七）鳖科 Trionychidae			
鳖属 *Pelodiscus*			
1. 中华鳖 *Pelodiscus sinensis*		广布种	
（八）地龟科 Geoemydidae			
拟水龟属 *Mauremys*			
2. 乌龟 *Mauremys reevesii*	Ⅱ	广布种	
有鳞目 Squamata			
蜥蜴亚目 Lacertilia			

（续）

种名	保护级别	区系	来源
（九）壁虎科 Gekkonidae			
壁虎属 *Gekko*			
3. 多疣壁虎 *Gekko japonicus*	☆	华中区	*
（十）石龙子科 Scincidae			
石龙子属 *Plestiodon*			
4. 中国石龙子 *Plestiodon chinensis*	☆	广布种	
（十一）蜥蜴科 Lacertidae			
草蜥属 *Takydromus*			
5. 北草蜥 *Takydromus septentrionalis*	☆	广布种	
蛇目 SERPENTIFORMES			
（十二）蝰科 Viperidae			
绿蝮属 *Viridovipera*			
6. 福建竹叶青蛇 *Viridovipera stejnegeri*	☆	华中华南区	
亚洲蝮属 *Gloydius*			
7. 短尾蝮 *Gloydius brevicaudus*	☆	华中华南区	
（十三）眼镜蛇科 Elapidae			
环蛇属 *Bungarus*			
8. 银环蛇 *Bungarus multicinctus*	☆	华中华南区	
眼镜蛇属 *Naja*			
9. 舟山眼镜蛇 *Naja atra*	☆	华中华南区	
（十四）游蛇科 Colubridae			
鼠蛇属 *Ptyas*			
10. 乌梢蛇 *Ptyas dhumnades*	☆	华中华南区	
11. 灰鼠蛇 *Ptyas korros*	☆	华中华南区	
12. 滑鼠蛇 *Ptyas Mucosa*	☆	华中华南区	
翠青蛇属 *Cyclophiops*			
13. 翠青蛇 *Cyclophiops major*	☆	华中华南区	
白环蛇属 *Lycodon*			
14. 赤链蛇 *Lycodon rufozonatus*	☆	广布种	
锦蛇属 *Elaphe*			
15. 王锦蛇 *Elaphe carinata*	☆	华中华南区	

（续）

种名	保护级别	区系	来源
16. 黑眉锦蛇 *Elaphe taeniura*	☆	广布种	
小头蛇属 *Oligodon*			
17. 中国小头蛇 *Oligodon chinensis*	☆	华中华南区	
（十五）水游蛇科 Natricidae			
颈槽蛇属 *Rhabdophis*			
18. 虎斑颈槽蛇 *Rhabdophis tigrinus*	☆	广布种	
颈棱蛇属 *Pseudoagkistrodon*			
19. 颈棱蛇 *Pseudoagkistrodon rudis*	☆	华中西南区	
环游蛇属 *Trimerodytes*			
20. 赤链华游蛇 *Trimerodytes annularis*	☆	华中华南区	

注：☆代表列入《有重要生态、科学、社会价值的陆生野生动物名录》；* 代表查阅文献；

6.2.2　区系组成

保护区动物地理区划属东洋界华中区东部丘陵平原亚区，两栖爬行动物区系组成也与之相符。其两栖爬行动物区系组成以东洋界华中区和华南区共有种为主，少数为广布种，无古北界种类。两栖类除中华蟾蜍和黑斑侧褶蛙为广布种外，其余 10 种均属东洋界种类，均为华中区或华中区和华南区共有种。爬行类中虎斑颈槽蛇、赤链蛇、黑眉锦蛇、北草蜥、中华鳖、乌龟、中国石龙子为广布种，其他 13 种为东洋界种类，均为华中区、华中华南区或华中西南区共有种类。

6.2.3　生态类型

保护区夏季被水体覆盖，周边的土地利用类型主要是居民区、水田、旱地及荒地，其人口密度大。在 6 种野外常见两栖动物中，属于陆栖 – 静水型的有 3 种，所占比例最大，其余为 2 种静水型和 1 种陆栖 – 流水型（图 6–1）。这与丰水期保护区周边的自然环境息息相关，村庄周围树木多，为树栖型蛙类生存所需要，从而形成上述两栖类生态类型的特征。调查记录的爬行动物也大多喜好稻田生境，譬如短尾蝮主要在稻田中分布；多疣壁虎数量相对较多，主要在居民区附近活动。

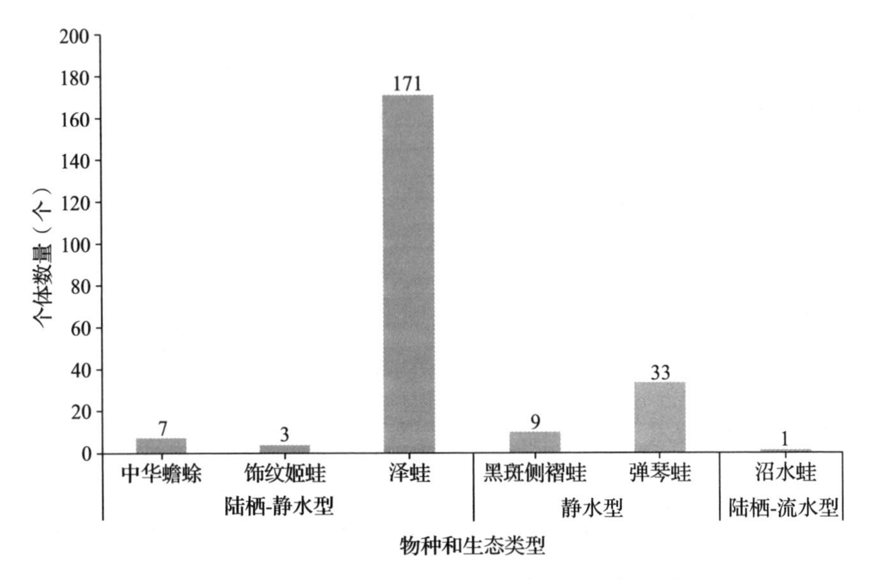

图 6-1　保护区常见两栖动物丰富度及生态类型

6.2.4　资源评价

（1）物种多样性较高

保护区共记录有 32 种两栖爬行动物，其中，两栖动物 12 种，爬行动物 20 种，在湿地类型的自然保护区中，其物种多样性较高。周边的鄱阳湖南矶湿地国家级自然保护区记录有 31 种两栖爬行动物，其中，两栖纲 1 目 5 科 11 种，爬行纲 3 目 8 科 20 种。鄱阳湖国家级自然保护区记录有两栖动物 1 目 4 科 8 种。类似的，安徽安庆沿江湿地省级自然保护区的总面积为 98700hm^2，两栖动物有 2 目 8 科 12 种，爬行动物有 3 目 8 科 20 种。

（2）动物区系组成明显地以东洋界物种为主

保护区两栖爬行动物地理区划属东洋界华中区东部丘陵平原亚区赣北（鄱阳湖）平原省。东洋界种类和广布种分别有 23 种和 9 种，无古北界种类。其区系组成以东洋界华中区和华南区共有种为主。

6.2.5　保护建议

保护区建立以来，珍稀濒危野生动植物保护受到重视，保护区内野生动物得到了较好的保护，为了加强两栖爬行动物保护，建议：一是加强保护区管理，积极申报国家级自然保护区，鼓励开展科学研究和社区共管；二是加大对当地群众的宣传和教育工作，让人们充分意识到两栖爬行动物对人类生活和生态系统的重要性；三是加强执法，杜绝滥捕、非法经营和食用野生动物及其产品的行为发生；四是减少人为活动的干扰，加强生境保护，减少使用农药和化肥。

第7章

鸟类多样性

鄱阳湖地处长江南岸、江西省北部，面积广阔，是我国最大的淡水湖，也是全球重要的水鸟越冬地，在世界生物多样性保护上有着极为重要的意义。自20世纪80年代以来，鄱阳湖区生物多样性受到越来越多的关注，大量的研究报道了鄱阳湖湿地鸟类多样性，但这些研究大多集中在鄱阳湖国家级自然保护区和南矶山国家级自然保护区。都昌候鸟省级自然保护区与鄱阳湖国家级自然保护区和南矶湿地国家级自然保护区相互毗邻，湿地面积大，湖岸线长，区内有大面积的湖泊、草洲、泥滩与沼泽，孕育了丰富的水草、鱼类和底栖动物。其广阔的水域面积、丰富的湿地资源和特殊的地理位置为鸟类提供了理想的栖息地和食物资源，吸引了大量鸟类在都昌湿地繁殖、停歇和越冬。

保护区自1999年开始开展鸟类调查，当时江西省林业厅组织实施了环鄱阳湖地区越冬水鸟同步调查，该调查覆盖了保护区。1999—2020年，该越冬水鸟同步调查项目持续进行，调查数据初步揭示了保护区水鸟多样性和数量动态。2010年，江西省第二次陆生野生动物调查在保护区开展全国湿地野生动物调查方案试点工作，对保护区及其周边2km范围进行了两栖类、爬行类、鸟类和兽类资源调查。近年来，保护区联合鄱阳湖国家级自然保护区开展了“逢八”监测，即每个月8日、18日和28日开展水鸟调查，监测数据能够较好地反映保护区冬季水鸟动态。

2021年，保护区联合江西师范大学和保护国际基金会，对保护区的生物多样性开展了科学考察，结合历史调查资料，整理了保护区鸟类资源状况，发现保护区共记录鸟类273种，国家一级保护野生鸟类9种，国家二级保护野生鸟类40种，江西省省级重点保护野生鸟类68种。现将保护区鸟类资源调查结果报告如下。

7.1　研究方法

冬季鸟类数据来源于 2011—2020 年江西省环鄱阳湖区越冬水鸟同步调查数据。该水鸟监测项目采用样线法开展鄱阳湖越冬期水鸟同步调查。保护区是该同步调查的重要组成部分。调查范围涉及保护区马影湖、千字湖、矶山湖、黄金嘴、南溪湖、龙潭湖、输湖、竹筒湖、焦潭湖、石牌湖、新妙湖、大沔池、小沔池、枭阳圩堤、十里湖、沙港、范垄、老爷庙、西湖、泥坑湖、宋家汊、钱公桥湖、泊水湖、高桥湖、下坝湖、花庙湖、火山垅湖、江畔湖和盘湖。根据调查湖泊数量，保护区设计了 4 条样线，每个调查组负责 1 个样线，每组人员至少包括 1 名专业人员和 2 名当地野生动物保护管理站的工作人员。调查人员分别记录目标湖泊中的水鸟种类、数量和位置。

同时，笔者整理了保护区从 2020 年 10 月到 2021 年 3 月的“逢八”监测数据。“逢八”监测从每年 10 月开始到翌年 3 月结束，每个月 8 日、18 日和 28 日开展越冬水鸟监测，记录保护区内的水鸟种类和数量。

夏季鸟类数据来源于江西省第二次陆生野生动物调查结果，该调查于 2010 年 7 月和 2012 年 8 月由江西师范大学、东北林业大学、中山大学等科研院校在保护区以及湖岸 2 km 范围内的区域开展。

物种名称及分类体系参考《中国鸟类分类与分布名录（第四版）》。物种保护等级参照《国家重点保护野生动物名录》《有重要生态、科学、社会价值的陆生野生动物名录》；CITES 公约采用 2023 年新修订的《濒危野生动植物种国际贸易公约》；IUCN 物种濒危等级采自最新 2023 年所评定的等级；物种受胁状况参考《中国濒危动物红皮书》；物种的区系成分参照《中国动物地理》确定，物种的居留型参照《中国鸟类分类与分布名录（第四版）》确定。

7.2　水鸟种类组成

保护区共记录水鸟 7 目 16 科 119 种（表 7–1）。其中，鸻形目 53 种，占 44.5%；雁形目 33 种，占 27.8%；鹳形目 18 种，占 15.1%；鹤形目 11 种，占 9.3%；䴙䴘目 2 种，占 1.7%；鲣鸟目 1 种，占 0.8%；红鹳目 1 种，占 0.8%。

从物种组成来看，鸻形目和雁形目鸟类物种数最多，这两个类群的水鸟物种数占总水鸟种数的72.3%。

其中，国家一级保护野生鸟类8种，分别为东方白鹳（*Ciconia boyciana*）、黑鹳（*C. nigra*）、黑脸琵鹭（*Platalea minor*）、青头潜鸭（*Aythya baeri*）、中华秋沙鸭（*Mergus squamatus*）、白鹤（*Leucogeranus leucogeranus*）、白枕鹤（*Grus vipio*）和白头鹤（*G. monacha*）；国家二级保护野生鸟类17种，分别为白琵鹭（*Platalea leucorodia*）、红胸黑雁（*Branta ruficollis*）、鸿雁（*Anser cygnoides*）、白额雁（*A. albifrons*）、小白额雁（*A. erythropus*）、小天鹅（*Cygnus cdcombianu*）、大天鹅（*C. cygnus*）、棉凫（*Nettapus coromandelianus*）、鸳鸯（*Aix galericulata*）、斑头秋沙鸭（*Mergus albellus*）、灰鹤（*Grus grus*）、蓑羽鹤（*G. virgo*）、水雉（*Hydrophasianus chirurgus*）、阔嘴鹬（*Calidris falcinellus*）、翻石鹬（*Arenaria interpres*）、小杓鹬（*Numenius minutus*）和白腰杓鹬（*N. arquata*）；江西省省级重点保护野生鸟类有小䴙䴘（*Tachybaptus ruficollis*）、凤头䴙䴘（*Podiceps cristatus*）、普通鸬鹚（*Phalacrocorax carbo*）、苍鹭（*Ardea cinerea*）和绿鹭（*Butorides striatus*）等共计37种。

在地理区系构成上，该地区水鸟具有明显的古北界特征，古北界种类高达85种，占总数的71.4%；东洋界21种，占17.7%；广布种12种，占10.1%；埃塞俄比亚界1种，占0.8%。

在居留型上，该地区水鸟主要为冬候鸟，冬候鸟种类高达54种，占总数的45.4%；旅鸟25种，占21.0%；夏候鸟21种，占17.7%；留鸟11种，占9.2%；迷鸟8种，占6.7%。

表7-1 保护区水鸟名录

中文名	学名	保护等级		居留型	区系
		国家级	省级		
一 䴙䴘目	PODICIPEDIFORMES				
（一）䴙䴘科	Podicipedidae				
1. 小䴙䴘	*Tachybaptus ruficollis*		省级	留	广
2. 凤头䴙䴘	*Podiceps cristatus*		省级	留	古
二 鲣鸟目	SULIFORMES				
（二）鸬鹚科	Phalacrocoracidae				
3. 普通鸬鹚	*Phalacrocorax carbo*		省级	冬	广

（续）

中文名	学名	保护等级		居留型	区系
		国家级	省级		
三　鹳形目	CICONIIFORMES				
（三）鹭科	Ardeidae				
4. 苍鹭	*Ardea cinerea*		省级	留	东
5. 草鹭	*A. purpurea*		省级	夏	东
6. 夜鹭	*Nycticorax nycticorax*			留	广
7. 绿鹭	*Butorides striatus*		省级	夏	东
8. 池鹭	*Ardeola bacchus*		省级	夏	东
9. 牛背鹭	*Bubulcus ibis*		省级	夏	广
10. 白鹭	*Egretta garzetta*		省级	夏	东
11. 中白鹭	*E. intermedia*			夏	东
12. 大白鹭	*E. alba*		省级	夏	广
13. 黄斑苇鳽	*Ixobrychus sinensis*			夏	东
14. 粟苇鳽	*I. cinnamomeus*			夏	东
15. 紫背苇鳽	*I. eurhythmus*			夏	东
16. 黑苇鳽	*Dupetor flavicollis*		省级	夏	东
17. 大麻鳽	*Botaurus stellaris*		省级	冬	东
（四）鹳科	Ciconiidae				
18. 东方白鹳	*Ciconia boyciana*	Ⅰ级		冬	古
19. 黑鹳	*Ciconia nigra*	Ⅰ级		冬	古
（五）鹮科	Threskiornithidae				
20. 白琵鹭	*Platalea leucorodia*	Ⅱ级		冬	古
21. 黑脸琵鹭	*P. minor*	Ⅰ级		冬	古
四　红鹳目	PHOENICOPTERIFORMES				
（六）红鹳科	Phoenicopteridae				
22. 大红鹳	*Phoenicopterus roseus*			迷	埃
五　雁形目	ANSERIFORMES				
（七）鸭科	Anatidae				
23. 雪雁	*Anser caerulescens*		省级	迷	古
24. 斑头雁	*A. indicus*		省级	冬	古

（续）

中文名	学名	保护等级		居留型	区系
		国家级	省级		
25. 白额雁	*A. albifrons*	Ⅱ级		冬	古
26. 小白额雁	*A. erythropus*	Ⅱ级		冬	古
27. 豆雁	*A. fabalis*		省级	冬	古
28. 灰雁	*A. anser*		省级	冬	古
29. 鸿雁	*A. cygnoides*	Ⅱ级		冬	古
30. 红胸黑雁	*Branta ruficollis*	Ⅱ级		迷	古
31. 黑雁	*B. bernicla*		省级	迷	古
32. 加拿大雁	*B. canadensis*			迷	古
33. 小天鹅	*Cygnus columbianu*	Ⅱ级		冬	古
34. 大天鹅	*C. cygnus*	Ⅱ级		冬	古
35. 斑嘴鸭	*Anas zonorhyncha*		省级	留	古
36. 绿翅鸭	*A. crecca*		省级	冬	古
37. 绿头鸭	*A. platyrhynchos*		省级	冬	古
38. 针尾鸭	*A. acuta*		省级	冬	古
39. 白眉鸭	*Spatula querquedula*		省级	冬	古
40. 琵嘴鸭	*S. clypeata*		省级	冬	古
41. 罗纹鸭	*Mareca falcata*			冬	古
42. 赤颈鸭	*M. penelope*		省级	冬	古
43. 赤膀鸭	*M. strepera*		省级	冬	广
44. 翘鼻麻鸭	*Tadorna ferruginea*		省级	冬	古
45. 赤麻鸭	*T. ferruginea*		省级	冬	古
46. 棉凫	*Nettapus coromandelianus*	Ⅱ级		夏	东
50. 红头潜鸭	*Aythya ferina*		省级	冬	古
47. 青头潜鸭	*A. baeri*	Ⅰ级		冬	古
48. 凤头潜鸭	*A. fuligula*		省级	冬	古
49. 白眼潜鸭	*A. nyroca*			冬	古
51. 斑背潜鸭	*A. marila*		省级	冬	古
52. 鸳鸯	*Aix galericulata*	Ⅱ级		留	古
53. 中华秋沙鸭	*Mergus squamatus*	Ⅰ级		冬	古

（续）

中文名	学名	保护等级		居留型	区系
		国家级	省级		
54. 普通秋沙鸭	*M. merganser*		省级	冬	古
55. 斑头秋沙鸭	*M. albellus*	Ⅱ级		冬	古
六　鹤形目	GRUIFORMES				
（八）鹤科	Gruidae				
56. 白鹤	*Leucogeranus leucogeranus*	Ⅰ级		冬	古
57. 白头鹤	*Grus monacha*	Ⅰ级		冬	古
58. 白枕鹤	*G. vipio*	Ⅰ级		冬	古
59. 灰鹤	*G. grus*	Ⅱ级		冬	古
60. 蓑羽鹤	*G. virgo*	Ⅱ级		迷	古
（九）秧鸡科	Rallidae				
61. 蓝胸秧鸡	*Lewinia striatia*			夏	东
62. 普通秧鸡	*Rallus indicus*			冬	古
63. 红脚田鸡	*Zapornia akool*			留	东
64. 白胸苦恶鸟	*Amaurornis phoenicurus*			留	东
65. 黑水鸡	*Gallinula chloropus*			留	广
66. 白骨顶	*Fulica atra*			冬	古
七　鸻形目	CHARADRIIFORMES				
（十）鸻科	Charadriidae				
67. 凤头麦鸡	*Vanellus vanellus*		省级	冬	古
68. 灰头麦鸡	*V. cinereus*		省级	夏	东
69. 金鸻	*Pluvialis fulva*			旅	古
70. 灰鸻	*P. squatarola*			旅	广
71. 长嘴剑鸻	*Charadrius placidus*			留	古
72. 金眶鸻	*C. dubius*			夏	古
73. 环颈鸻	*C. alexandrinus*			夏	广
74. 蒙古沙鸻	*C. mongolus*			旅	古
75. 铁嘴沙鸻	*C. leschenaultii*			旅	古
76. 东方鸻	*C. veredus*			旅	古
（十一）燕鸻科	Glareolidae				
77. 普通燕鸻	*Glareola maldivarum*			夏	东

（续）

中文名	学名	保护等级		居留型	区系
		国家级	省级		
（十二）水雉科	Jacanidae				
78. 水雉	*Hydrophasianus chirurgus*	Ⅱ级		夏	东
（十三）彩鹬科	Rostratulidae				
79. 彩鹬	*Rostratula benghalensis*		省级	留	东
（十四）反嘴鹬科	Recurvirostridae				
80. 反嘴鹬	*Recurvirostra avosetta*		省级	冬	古
81. 黑翅长脚鹬	*Himantopus himantopus*			冬	古
（十五）鹬科	Scolopacidae				
82. 泽鹬	*Tringa stagnatilis*			冬	古
83. 鹤鹬	*T. erythropus*			冬	古
84. 红脚鹬	*T. totanus*			冬	古
85. 青脚鹬	*T. nebularia*			冬	古
86. 林鹬	*T. glareola*			冬	古
87. 白腰草鹬	*T. ochropus*			冬	古
88. 阔嘴鹬	*Calidris falcinellus*	Ⅱ级		旅	古
89. 流苏鹬	*C. pugnax*			旅	古
90. 矶鹬	*Actitis hypoleucos*			冬	古
91. 翘嘴鹬	*Xenus cinereus*			旅	古
92. 翻石鹬	*Arenaria interpres*	Ⅱ级		旅	古
93. 黑尾塍鹬	*Limosa limosa*			冬	古
94. 红颈瓣蹼鹬	*Phalaropus lobatus*			旅	古
95. 灰半蹼鹬	*P. fulicarius*		省级	迷	古
96. 扇尾沙锥	*Gallinago gallinago*			冬	古
97. 针尾沙锥	*G.* stenura			旅	古
98. 大沙锥	*G. megala*			旅	古
99. 小杓鹬	*Numenius minutus*	Ⅱ级		旅	古
100. 中杓鹬	*N. phaeopus*			旅	广
101. 白腰杓鹬	*N. arquata*	Ⅱ级		冬	古
102. 小滨鹬	*Calidris minuta*			旅	古

（续）

中文名	学名	保护等级		居留型	区系
		国家级	省级		
103. 红颈滨鹬	*C. ruficollis*			旅	古
104. 弯嘴滨鹬	*C. ferruginea*			旅	古
105. 青脚滨鹬	*C. temminckii*			旅	古
106. 黑腹滨鹬	*C. alpina*			冬	古
107. 红腹滨鹬	*C. canutus*			旅	古
108. 尖尾滨鹬	*C. acuminata*			旅	古
109. 长趾滨鹬	*C. subminuta*			旅	古
（十六）鸥科	Laridae				
110. 织女银鸥	*Larus vegae*			冬	古
111. 黄脚银鸥	*L. cachinnans*			旅	古
112. 渔鸥	*Ichthyaetus ichthyaetus*			迷	古
113. 红嘴鸥	*Chroicocephalus ridibundus*			冬	古
114. 灰翅浮鸥	*Chlidonias hybrida*			夏	广
115. 白翅浮鸥	*C. leucopterus*			夏	古
116. 白额燕鸥	*Sternula albifrons*			夏	东
117. 普通燕鸥	*Sterna hirundo*			旅	古
118. 红嘴巨燕鸥	*Hydroprogne caspia*			旅	广
119. 鸥嘴噪鸥	*Gelochelidon nilotica*		省级	旅	东

注：古代表古北界；东代表东洋界；埃代表埃塞俄比亚界；广代表广布种；夏代表夏候鸟；冬代表冬候鸟；旅代表旅鸟；留代表留鸟；迷代表迷鸟；Ⅰ级代表国家一级保护野生鸟类；Ⅱ级代表国家二级保护野生鸟类；省级代表江西省重点保护野生鸟类。

7.3　越冬期水鸟动态

根据保护区“逢八”监测数据，在 10 月的 3 次调查中记录到的水鸟数量均不足 10000 只，平均值为 6785 ± 1565[①] 只（图 7–1）。10 月，水鸟主要分布在马影湖，以豆雁、白额雁、斑嘴鸭和绿翅鸭为主。11 月，水鸟数量逐渐增加，到 11 月中旬，水鸟数量增加到 99720 只，其后水鸟数量相对稳定，从 11 月中旬

① 样本平均数的标准差。

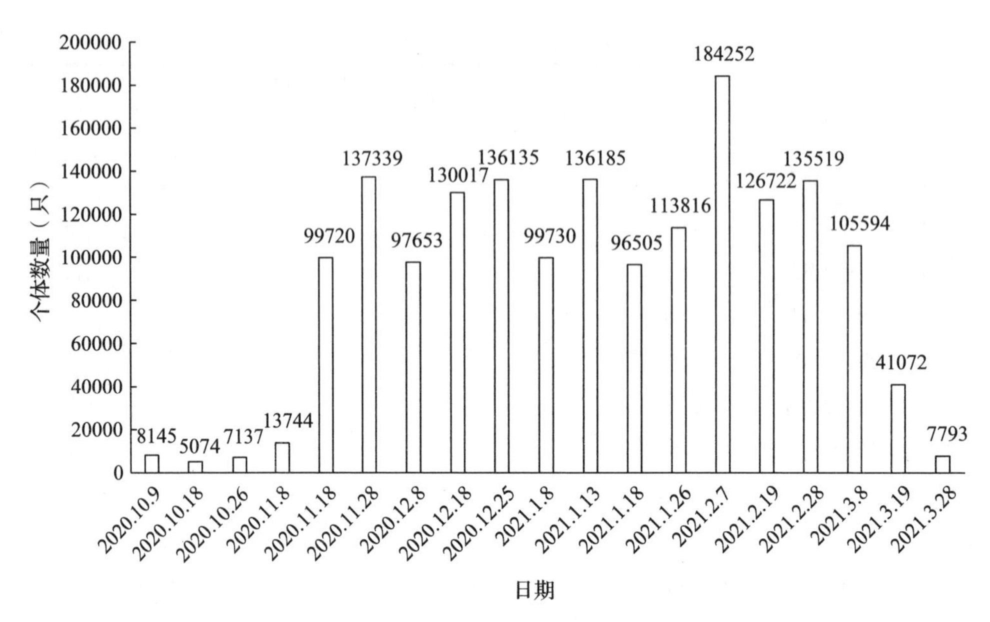

图 7-1　保护区冬季不同时段的水鸟数量

到 2 月下旬，水鸟平均数量为 124466 ± 25244 只。3 月水鸟数量开始迅速下降，至 3 月底水鸟数量降至 7793 只，平均值为 51486 ± 49725 只。

在保护区越冬水鸟中，豆雁、鸿雁、白额雁和小天鹅均是优势物种，其种群数量分别为 29372 ± 24881、16985 ± 18182、3413 ± 2841 和 7012 ± 5512 只。在监测过程中，这些物种的数量存在明显波动（图 7-2）。豆雁在 11 月 28 日的

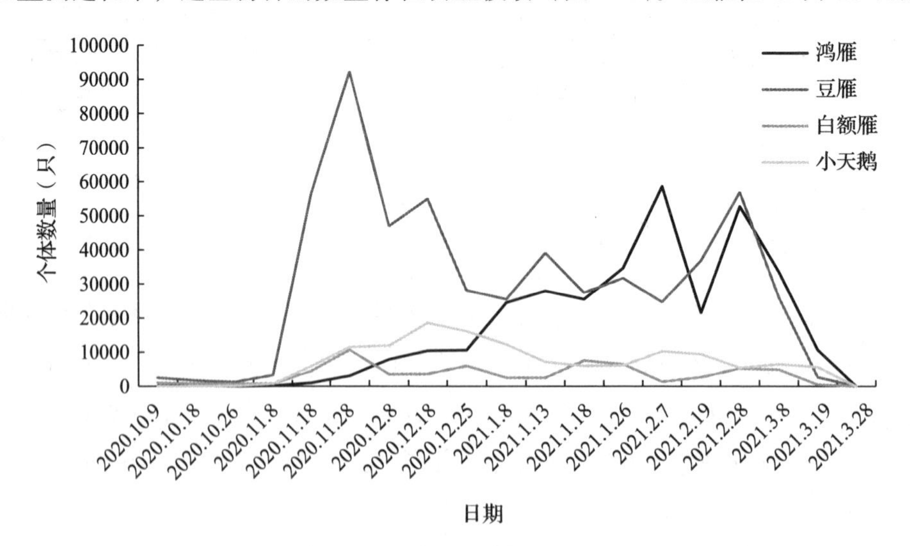

图 7-2　保护区豆雁、鸿雁、白额雁和小天鹅数量变化

调查中数量最大，达 92262 只，其后呈现出显著的线性减少趋势。鸿雁的数量则呈显著的线性增长。小天鹅数量在 12 月中旬达到最高值，然后逐渐减少。白额雁数量波动剧烈。

在 10 月的监测中没有记录到鹤类物种（图 7–3）。白鹤、白头鹤、白枕鹤和灰鹤在 11 月出现 1 次数量高峰，12 月出现明显减少，在 1 月则再次出现明显增加，形成另一个数量高峰。在 2020 年至 2021 年冬季，保护区内鹤类物种数量总体较少，灰鹤最大数量为 3420 只，平均数量为 429 ± 795 只；白鹤数量最大值为 158 只，平均数量为 47 ± 47 只；白头鹤数量最大值为 76 只，平均数量为 12 ± 22 只；白枕鹤数量最大值为 119 只，平均数量为 57 ± 116 只。总体来看，保护区分布有鄱阳湖区的 4 种常见鹤类，数量波动剧烈，这与越冬鹤类在鄱阳湖区不同湖泊间往来迁飞密切相关。

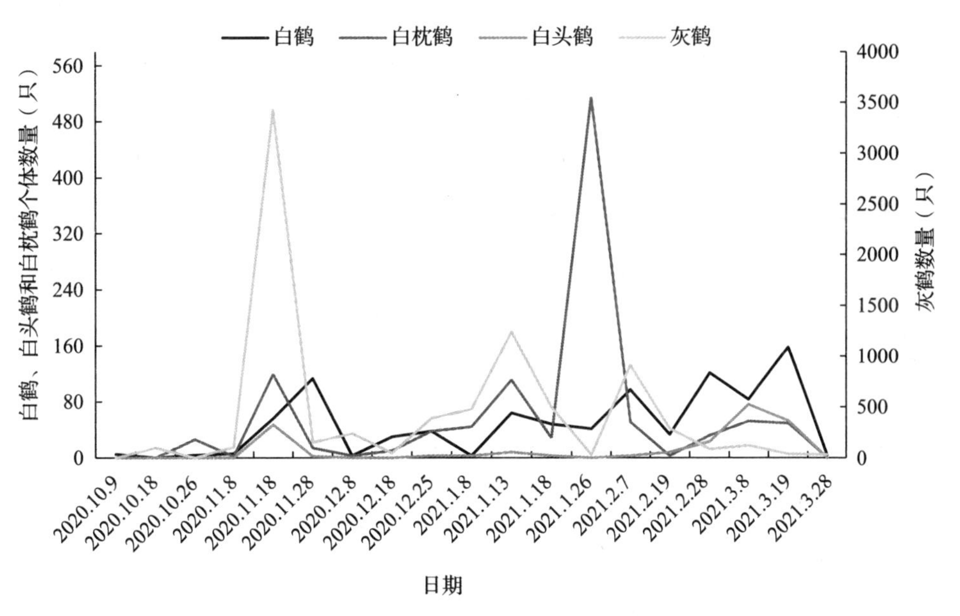

图 7–3　保护区白鹤、白头鹤、白枕鹤和灰鹤数量变化

7.4　林鸟种类组成

保护区共记录林鸟 11 目 42 科 154 种（表 7–2）。其中，雀形目 116 种，占 75.3%；鹰形目 11 种，占 7.1%；佛法僧目 6 种，占 3.9%；鹃形目和隼形目各 4 种，均占2.6%；鸡形目、鸽形目和鸮形目各3种，均占1.9%；鹗形目2种，占1.3%；戴胜目和夜鹰目各1种，均占0.7%。从物种组成来看，雀形目鸟类物种数最多，其次为鹰形目和佛法僧目，这三个类群的林鸟物种数占总林鸟种数的86.4%。

其中，国家一级保护野生鸟类1种，即黄胸鹀（*Emberiza aureola*）；国家二级保护野生鸟类23种，分别为鹊鹞（*Circus melanoleucos*）、白腹鹞（*C. spilonotus*）、白尾鹞（*C. cyaneus*）、黑冠鹃隼（*Aviceda leuphotes*）、松雀鹰（*Accipiter virgatus*）、凤头鹰（*A. trivirgatus*）、赤腹鹰（*A. soloensis*）、普通鵟（*Buteo japonicus*）、黑鸢（*Milvus migrans*）、黑翅鸢（*Elanus caeruleus*）、鹗（*Pandion haliaetus*）、红隼（*Falco tinnunculus*）、红脚隼（*F. amurensis*）、游隼（*F. peregrinus*）、燕隼（*F. subbuteo*）、草鸮（*Tyto longimembris*）、斑头鸺鹠（*Glaucidium cuculoides*）、白胸翡翠（*Halcyon smyrnensis*）、蓝喉蜂虎（*Merops viridis*）、小鸦鹃（*Centropus bengalensis*）、云雀（*Alauda arvensis*）、红喉歌鸲（*Calliope calliope*）和画眉（*Garrulax canorus*）；江西省省级重点保护野生鸟类有雉鸡（*Phasianus colchicus*）、火斑鸠（*Streptopelia tranquebarica*）、山斑鸠（*S. orientalis*）、珠颈斑鸠（*S. chinensis*）和普通翠鸟（*Alcedo atthis*）等共计31种。

在地理区系构成上，该地区林鸟主要以东洋界物种为主，东洋界种类高达73种，占总数的47.4%；古北界67种，占43.5%；广布种14种，占9.1%。

在居留型上，该地区林鸟主要为留鸟，留鸟种类高达68种，占总数的44.2%；冬候鸟40种，占26.0%；旅鸟25种，占16.2%；夏候鸟21种，占13.6%。

表7–2 保护区林鸟名录

中文名	学名	保护等级		居留型	区系
		国家级	省级		
一 鸡形目	**GALLIFORMES**				
（一）雉科	**Phasianidae**				
1. 雉鸡	*Phasianus colchicus*		省级	留	广
2. 灰胸竹鸡	*Bambusicola thoracicus*			留	东
3. 鹌鹑	*Coturnix japonica*			冬	东
二 鸽形目	**COLUMBIFORMES**				
（二）鸠鸽科	**Columbidae**				
4. 火斑鸠	*Streptopelia tranquebarica*		省级	留	东
5. 山斑鸠	*S. orientalis*		省级	留	东

（续）

中文名	学名	保护等级		居留型	区系
		国家级	省级		
6. 珠颈斑鸠	*S. chinensis*		省级	留	广
三　鹰形目	**ACCIPITRIFORMES**				
（三）鹰科	**Accipitridae**				
7. 鹊鹞	*Circus melanoleucos*	Ⅱ级		冬	古
8. 白腹鹞	*C. spilonotus*	Ⅱ级		冬	古
9. 白尾鹞	*C. cyaneus*	Ⅱ级		冬	古
10. 黑冠鹃隼	*Aviceda leuphotes*	Ⅱ级		留	东
11. 松雀鹰	*Accipiter virgatus*	Ⅱ级		留	东
12. 凤头鹰	*A. trivirgatus*	Ⅱ级		留	东
13. 赤腹鹰	*A. soloensis*	Ⅱ级		留	东
14. 普通鵟	*Buteo japonicus*	Ⅱ级		冬	古
15. 黑鸢	*Milvus migrans*	Ⅱ级		留	古
16. 黑翅鸢	*Elanus caeruleus*	Ⅱ级		留	东
（四）鹗科	**Pandionidae**				
17. 鹗	*Pandion haliaetus*	Ⅱ级		留	广
四　隼形目	**FALCONIFORMES**				
（五）隼科	**Falconidae**				
18. 红隼	*Falco tinnunculus*	Ⅱ级		留	广
19. 红脚隼	*F. amurensis*	Ⅱ级		冬	古
20. 游隼	*F. peregrinus*	Ⅱ级		留	广
21. 燕隼	*F. subbuteo*	Ⅱ级		夏	东
五　鸮形目	**STRIGIFORMES**				
（六）仓鸮科	**Tytonidae**				
22. 草鸮	*Tyto longimembris*	Ⅱ级		留	东
（七）鸱鸮科	**Strigidae**				
23. 斑头鸺鹠	*Glaucidium cuculoides*	Ⅱ级		留	东
六　佛法僧目	**CORACIIFORMES**				
（八）翠鸟科	**Alcedinidae**				
24. 普通翠鸟	*Alcedo atthis*		省级	留	广
25. 白胸翡翠	*Halcyon smyrnensis*	Ⅱ级		留	东

（续）

中文名	学名	保护等级		居留型	区系
		国家级	省级		
26. 蓝翡翠	*H. pileata*		省级	夏	东
27. 斑鱼狗	*Ceryle rudis*			留	东
（九）蜂虎科	Meropidae				
28. 蓝喉蜂虎	*Merops viridis*	Ⅱ级		夏	东
（十）佛法僧科	Coraciidae				
29. 三宝鸟	*Eurystomus orientalis*		省级	留	东
七　戴胜目	UPUPIFORMES				
（十一）戴胜科	Upupidae				
30. 戴胜	*Upupa epops*		省级	留	广
八　夜鹰目	CAPRIMULGIFORMES				
（十二）夜鹰科	Caprimulgidae				
31. 普通夜鹰	*Caprimulgus jotaka*			夏	东
九　䴕形目	PICIFORMES				
（十三）啄木鸟科	Picidae				
32. 蚁䴕	*Jynx torquilla*			冬	古
33. 灰头绿啄木鸟	*Picus canus*			留	广
34. 星头啄木鸟	*Yungipicus canicapillus*			留	东
十　鹃形目	CUCULIFORMES				
（十四）杜鹃科	Cuculidae				
35. 大杜鹃	*Cuculus canorus*		省级	夏	东
36. 鹰鹃	*Hierococcyx sparverioides*		省级	夏	东
37. 噪鹃	*Eudynamys scolopaceus*		省级	夏	东
38. 小鸦鹃	*Centropus bengalensis*	Ⅱ级		留	东
十一　雀形目	PASSERIFORMES				
（十五）百灵科	Alaudidae				
39. 小云雀	*Alauda gulgula*			留	东
40. 云雀	*Alauda arvensis*	Ⅱ级		冬	古
（十六）燕科	Hirundinidae				
41. 崖沙燕	*Riparia diluta*		省级	旅	古

（续）

中文名	学名	保护等级		居留型	区系
		国家级	省级		
42. 家燕	*Hirundo rustica*		省级	夏	东
43. 金腰燕	*Cecropis daurica*		省级	夏	东
（十七）鹡鸰科	**Motacillidae**				
44. 白鹡鸰	*Motacilla alba*			留	古
45. 灰鹡鸰	*M. cinerea*			冬	古
46. 黄鹡鸰	*M. tschutschensis*			旅	古
47. 黄头鹡鸰	*M. citreola*			冬	古
48. 山鹡鸰	*Dendronanthus indicus*			夏	东
49. 树鹨	*Anthus hodgsoni*			冬	古
50. 水鹨	*A. spinoletta*			冬	古
51. 黄腹鹨	*A. rubescens*			冬	古
52. 北鹨	*A. gustavi*			旅	古
53. 红喉鹨	*A. cervinus*			冬	古
54. 田鹨	*A. rufulus*			旅	古
55. 理氏鹨	*A. richardi*			旅	古
（十八）鹃鵙科	**Campephagidae**				
56. 小灰山椒鸟	*Pericrocotus cantonensis*			夏	东
57. 灰喉山椒鸟	*P. solaris*			留	东
58. 暗灰鹃鵙	*Lalage melaschistos*			夏	东
（十九）鹎科	**Pycnonotidae**				
59. 白头鹎	*Pycnonotus sinensis*		省级	留	广
60. 黄臀鹎	*P. xanthorrhous*		省级	留	东
61. 领雀嘴鹎	*Spizixos semitorques*		省级	留	东
62. 绿翅短脚鹎	*Ixos mcclellandii*		省级	留	东
63. 黑短脚鹎	*Hypsipetes leucocephalus*		省级	留	东
（二十）伯劳科	**Laniidae**				
64. 棕背伯劳	*Lanius schach*		省级	留	东
65. 红尾伯劳	*L. cristatus*		省级	夏	古
66. 虎纹伯劳	*L. tigrinus*		省级	夏	东

（续）

中文名	学名	保护等级		居留型	区系
		国家级	省级		
67. 楔尾伯劳	*L. sphenocercus*		省级	冬	古
（二十一）黄鹂科	Oriolidae				
68. 黑枕黄鹂	*Oriolus chinensis*		省级	夏	东
（二十二）卷尾科	Dicruridae				
69. 发冠卷尾	*Dicrurus hottentottus*		省级	夏	东
70. 黑卷尾	*D. macrocercus*		省级	夏	东
71. 灰卷尾	*D. leucophaeus*		省级	夏	东
（二十三）椋鸟科	Sturnidae				
72. 八哥	*Acridotheres cristatellus*			留	东
73. 丝光椋鸟	*Spodiopsar sericeus*			留	东
74. 灰椋鸟	*S. cineraceus*			留	古
75. 北椋鸟	*Agropsar sturninus*			旅	东
76. 黑领椋鸟	*Gracupica nigricollis*			留	东
（二十四）鸦科	Corvidae				
77. 喜鹊	*Pica serica*		省级	留	广
78. 红嘴蓝鹊	*Urocissa erythroryncha*		省级	留	东
79. 灰树鹊	*Dendrocitta formosae*			留	东
80. 松鸦	*Garrulus glandarius*			留	古
81. 白颈鸦	*Corvus torquatus*			留	东
82. 小嘴乌鸦	*C. corone*			冬	古
（二十五）鹟科	Muscicapidae				
83. 红喉歌鸲	*Calliope calliope*	Ⅱ级		旅	古
84. 蓝歌鸲	*Larvivora cyane*			旅	古
85. 红胁蓝尾鸲	*Tarsiger cyanurus*			冬	古
86. 鹊鸲	*Copsychus saularis*			留	东
87. 蓝额红尾鸲	*Phoenicurus frontalis*			旅	东
88. 北红尾鸲	*P. auroreus*			冬	古
89. 红尾水鸲	*P. fuliginosus*			留	东
90. 白额燕尾	*Enicurus leschenaulti*			留	东

（续）

中文名	学名	保护等级		居留型	区系
		国家级	省级		
91. 黑喉石䳭	*Saxicola stejnegeri*			冬	古
92. 蓝矶鸫	*Monticola solitarius*			留	东
93. 白喉矶鸫	*M. gularis*			旅	古
94. 白眉姬鹟	*Ficedula zanthopygia*			夏	古
95. 黄眉姬鹟	*F. narcissina*			旅	古
96. 鸲姬鹟	*F. mugimaki*			旅	古
97. 红喉姬鹟	*F. albicilla*			旅	古
98. 白腹蓝鹟	*Cyanoptila cyanomelana*			旅	古
99. 乌鹟	*Muscicapa sibirica*			旅	古
100. 灰纹鹟	*M. griseisticta*			旅	古
101. 北灰鹟	*M. dauurica*			旅	古
（二十六）王鹟科	Monarchidae				
102. 寿带	*Terpsiphone incei*		省级	夏	东
（二十七）鸫科	Turdidae				
103. 乌鸫	*Turdus mandarinus*			留	广
104. 斑鸫	*T. eunomus*			冬	东
105. 红尾鸫	*T. naumanni*			冬	古
106. 灰背鸫	*T. hortulorum*			冬	古
107. 乌灰鸫	*T. cardis*			冬	古
108. 白眉鸫	*T. obscurus*			旅	古
109. 白腹鸫	*T. pallidus*			冬	古
110. 虎斑地鸫	*Zoothera aurea*			冬	广
（二十八）噪鹛科	Leiothrichidae				
111. 画眉	*Garrulax canorus*	Ⅱ级		留	东
112. 黑脸噪鹛	*Pterorhinus perspicillatus*			留	东
113. 白颊噪鹛	*P. sannio*			留	东
（二十九）鹛科	Timaliidae				
114. 棕颈钩嘴鹛	*Pomatorhinus ruficollis*			留	东
（三十）鸦雀科	Paradoxornithidae				
115. 棕头鸦雀	*Sinosuthora webbiana*			留	东

（续）

中文名	学名	保护等级		居留型	区系
		国家级	省级		
116. 灰头鸦雀	*Psittiparus gularis*			留	东
（三十一）柳莺科	Phylloscopidae				
117. 黄眉柳莺	*Phylloscopus inornatus*			冬	古
118. 极北柳莺	*P. borealis*			旅	古
119. 黄腰柳莺	*P. proregulus*			冬	古
120. 冕柳莺	*P. coronatus*			旅	古
121. 巨嘴柳莺	*P. schwarzi*			旅	古
122. 褐柳莺	*P. fuscatus*			旅	古
（三十二）扇尾莺科	Cisticolidae				
123. 棕扇尾莺	*Cisticola juncidis*			留	东
124. 金头扇尾莺	*C. exilis*			留	东
125. 山鹪莺	*Prinia striata*			留	东
126. 黄腹山鹪莺	*P. flaviventris*			留	东
127. 纯色山鹪莺	*P. inornata*			留	东
（三十三）燕雀科	Fringillidae				
128. 黄雀	*Spinus spinus*			冬	古
129. 金翅雀	*Chloris sinica*			留	古
130. 燕雀	*Fringilla montifringilla*			冬	古
131. 黑尾蜡嘴雀	*Eophona migratoria*			冬	古
（三十四）苇莺科	Acrocephalidae				
132. 黑眉苇莺	*Acrocephalus bistrigiceps*			旅	古
（三十五）树莺科	Cettiidae				
133. 远东树莺	*Horornis canturians*			夏	东
134. 强脚树莺	*H. fortipes*			冬	东
（三十六）山雀科	Paridae				
135. 远东山雀	*Parus minor*		省级	留	广
136. 黄腹山雀	*Pardaliparus venustulus*			留	东
（三十七）长尾山雀科	Aegithalidae				
137. 红头长尾山雀	*Aegithalos concinnus*			留	东

（续）

中文名	学名	保护等级		居留型	区系
		国家级	省级		
（三十八）攀雀科	Remizidae				
138. 中华攀雀	*Remiz consobrinus*			冬	古
（三十九）绣眼鸟科	Zosteropidae				
139. 暗绿绣眼鸟	*Zosterops simplex*			留	东
（四十）雀科	Passeridae				
140. 树麻雀	*Passer montanus*			留	广
141. 山麻雀	*P. cinnamomeus*			留	东
（四十一）梅花雀科	Estrildidae				
142. 白腰文鸟	*Lonchura striata*			留	东
143. 斑文鸟	*L. punctulata*			留	东
（四十二）鹀科	Emberizidae				
144. 小鹀	*Emberiza pusilla*			冬	古
145. 田鹀	*E. rustica*			冬	古
146. 黄喉鹀	*E. elegans*			冬	古
147. 黄眉鹀	*E. chrysophrys*			冬	古
148. 白眉鹀	*E. tristrami*			冬	古
149. 灰头鹀	*E. spodocephala*			冬	古
150. 栗耳鹀	*E. fucata*			冬	古
151. 三道眉草鹀	*E. cioides*			留	古
152. 栗鹀	*E. rutila*			旅	古
153. 黄胸鹀	*E. aureola*	Ⅰ级		旅	古
154. 苇鹀	*E. pallasi*			冬	古

注：古代表古北界；东代表东洋界；广代表广布种；夏代表夏候鸟；冬代表冬候鸟；旅代表旅鸟；留代表留鸟；Ⅰ级代表国家一级保护野生鸟类；Ⅱ级代表国家二级保护野生鸟类；省级代表江西省重点保护野生鸟类。

7.5 重要物种生态特征

根据保护区鸟类的保护等级、濒危程度、数量等级以及观察到的新发现，将14种鄱阳湖区常见的国家重点保护野生鸟类、11种鄱阳湖区较少见的国家重点保护野生鸟类和5种省级重点保护野生鸟类的生态特征介绍如下，以期为保护区进行有针对性的物种保护和管理提供参考。

7.5.1 国家重点保护野生鸟类（鄱阳湖区常见物种）

（1）白鹤

分类：鹤形目 GRUIFORMES　鹤科 Gruidae

英文名：Siberian crane

学名：*Leucogeranus leucogeranus*

保护等级：《中国濒危动物红皮书》濒危物种
《濒危野生动植物种国际贸易公约》（以下简称“CITES”）（2019）附录Ⅰ物种
国家一级保护野生鸟类

特征描述：体长约135cm，体色白色。喙橘黄色，脸上裸皮猩红色，腿粉红色。飞行时，黑色的初级飞羽明显。幼鸟呈金棕色。

分布范围：繁殖于俄罗斯西伯利亚北极地区；越冬于伊朗、印度西北部及中国东部。全球性濒危。冬季有近4000只聚于鄱阳湖及长江流域的湖泊越冬。

生态习性：冬候鸟，以鄱阳湖水位下降后露出的植物球茎及嫩根为食。

（2）白头鹤

分类：鹤形目 GRUIFORMES　鹤科 Gruidae

英文名：Hooded crane

学名：*Grus monacha*

保护等级：《中国濒危动物红皮书》濒危物种
CITES（2019）附录Ⅰ物种
国家一级保护野生鸟类

特征描述：体长约97cm，体色为深灰色。头颈为白色，顶冠前黑色而中红色。飞行时，飞羽黑色。亚成体头、颈沾皮黄色，眼斑黑色。

分布范围：繁殖于俄罗斯西伯利亚南部及中国东北部；越冬于日本南部及中国东部。全球性易危。

生态习性：冬候鸟，栖于近湖泊及河流沼泽地。

（3）白枕鹤

分类：鹤形目 GRUIFORMES　鹤科 Gruidae

英文名：White-naped crane

学名：*Grus vipio*

保护等级：《中国濒危动物红皮书》易危物种
CITES（2019）附录Ⅰ物种
国家一级保护野生鸟类

特征描述：体长约 150cm，体色灰白色。脸侧裸皮红色，边缘及斑纹黑色；喉及颈背白色；枕、胸及颈前之灰色延至颈侧成狭窄尖线条；初级飞羽黑色，体羽余部为不同程度的灰色。

分布范围：繁殖于俄罗斯西伯利亚、蒙古东部及中国东北部；越冬于中国东部、朝鲜、日本；迷鸟至中国台湾及福建。全球性易危。

生态习性：冬候鸟，栖于近湖泊及河流沼泽地。

（4）灰鹤

分类：鹤形目 GRUIFORMES　鹤科 Gruidae

英文名：Common Crane

学名：*Grus grus*

保护状况：未列入《中国濒危动物红皮书》
CITES（2019）附录Ⅱ物种
国家二级保护野生鸟类

特征描述：体形中等，体长约 125cm，体色灰色。前顶冠黑色，中心红色；头及颈深青灰色；自眼后有一道宽的白色条纹伸至颈背；体羽余部灰色；背部及长而密的三级飞羽略沾褐色。

分布范围：古北界广泛分布；繁殖于中国的东北及西北；越冬于中国黄河和长江流域。

生态习性：冬候鸟，喜湿地、沼泽地及浅湖，冬季经常在农地集群取食。

（5）黑鹳

分类：鹳形目 CICONIIFORMES　鹳科 Ciconiidae

英文名：Black Stork

学名：*Ciconia nigra*

保护等级：《中国濒危动物红皮书》濒危物种

CITES（2019）附录Ⅰ物种

国家一级保护野生鸟类

特征描述：体长约100cm，体色黑色。下胸、腹部及尾下为白色，喙及腿为红色，黑色部位具绿色和紫色的光泽，眼周裸露皮肤红色。飞行时，翼下黑色，仅三级飞羽及次级飞羽内侧白色。亚成鸟上体褐色，下体白色。

分布范围：繁殖于欧洲至中国北方地区；越冬于印度及非洲；中国分布数量稀少，越冬至长江以南地区及台湾；20世纪60年代曾定期至中国香港米埔越冬，现极少有记录。

生态习性：冬候鸟，栖于沼泽地区、池塘、湖泊、河流沿岸及河口。冬季时结小群活动。

（6）东方白鹳

分类：鹳形目 CICONIIFORMES　鹳科 Ciconiidae

英文名：Oriental white stork

学名：*Ciconia boyciana*

保护等级：《中国濒危动物红皮书》濒危物种

CITES（2019）附录Ⅰ物种

国家一级保护野生鸟类

特征描述：体长约105cm，体色纯白色。两翼和厚直的喙黑色，腿红色，眼周裸露皮肤粉红。飞行时，黑色初级飞羽及次级飞羽与纯白色体羽成强烈对比。与白鹳的区别在于喙黑色而非红色。亚成鸟污黄白色。

分布范围：繁殖于中国东北，越冬于长江中下游的湖泊沼泽湿地，陕西南部、西南地区及香港越冬偶有发现，夏候鸟偶见于内蒙古西部鄂尔多斯高原。

生态习性：在高大乔木、高压电线塔、电线杆上营巢。冬季结群活动。取食于湿地。

（7）白琵鹭

分类：鹳形目 CICONIIFORMES　鹮科 Threskiornithidae

英文名：Eurasian spoonbiu

学名：*Platalea leucorodia*

保护等级：《中国濒危动物红皮书》濒危物种

CITES（2019）附录Ⅱ物种

国家二级保护野生鸟类

特征描述：体长约 84cm，体色白色。长喙灰色而呈琵琶形，头部裸出部位呈黄色，自眼先至眼有黑色线。

分布范围：分布于欧亚大陆及非洲；夏季繁殖于中国新疆西北部天山至东北部，冬季南迁，经中国中部至云南、东南沿海省份、台湾及澎湖列岛越冬。

生态习性：喜泥泞水塘、湖泊或泥滩，在水中缓慢前进，喙往两旁甩动以寻找食物。一般单独或成小群活动，通常在夜间取食。

（8）鸿雁

分类：雁形目 ANSERIFORMES　鸭科 Anatidae

英文名：Swan goose

学名：*Anser cygnoides*

保护等级：未列入《中国濒危动物红皮书》

未列入 CITES（2019）

国家二级保护野生鸟类

特征描述：体长约 90cm，体羽浅灰褐色。头顶到后颈暗棕褐色，前颈白色，远看黑白分明；喙黑色，喙与额之间有一道棕白色细线；脚橙黄色。迁徙季常集合成百上千的大群。

分布范围：分布于中国、俄罗斯西伯利亚南部和中亚；繁殖于俄罗斯西伯利亚和中国东北；在中国的越冬地为长江中下游和山东、江苏、福建、广东等沿海省份，迁徙时见于新疆阿尔山脉、西部天山、青海柴达木盆地、河北、河南等省。

生态习性：性喜结群，常成群活动，常集成数十、数百至上千只的大群。善游泳，飞行力强，休息时群中常有几只“哨鸟”站在较高的地方引颈观望。飞行时，颈向前伸直，脚贴在腹下，排列极整齐，边飞边叫，声音洪亮、清晰。

（9）白额雁

分类：雁形目 ANSERIFORMES　鸭科 Anatidae

英文名：White-fronted goose

学名：*Anser albifrons*

保护等级：未列入《中国濒危动物红皮书》

未列入 CITES（2019）

国家二级保护野生鸟类

特征描述：体长 70～85cm，体羽灰色。腿橘黄色；白色斑块环绕喙基；腹部具大块黑斑，雏鸟黑斑小。极似冬季常与之混群的小白额雁。飞行中显笨重，翼下羽色较灰雁暗，但比豆雁浅。

分布范围：繁殖于北半球的苔原冻土带；在温带的农田越冬；越冬区在中国长江流域及华东各省至湖北、湖南及中国台湾。

生态习性：冬候鸟，冬季集大群于开阔的湖泊湿地。

（10）小天鹅

分类：雁形目 ANSERIFORMES　鸭科 Anatidae

英文名：Whistling swan

学名：*Cygnus columbianus*

保护等级：《中国濒危动物红皮书》易危物种

未列入 CITES（2019）

国家二级保护野生鸟类

特征描述：体长约 142cm，体色白色。喙黑色但基部黄色区域较大天鹅小，上喙侧缘的黄色不呈前尖形且喙上中线黑色。

分布范围：分布于北欧及亚洲北部；在欧洲、中亚、中国及日本越冬；冬季旅经中国东北部至长江流域的湖泊越冬。

生态习性：冬候鸟，喜在深水区游憩，主要取食浮游植物。

（11）棉凫

分类：雁形目 ANSERIFORMES　鸭科 Anatidae

英文名：Cotton pygmy-goose

学名：*Nettapus coromandelianus*

保护等级：《中国濒危动物红皮书》稀有物种

未列入 CITES（2019）

国家二级保护野生鸟类

特征描述：体形较小，体长约 30cm。头圆，脚短，喙短而底部较深。羽毛主要呈白色，颈部有黑色带绿色光泽的颈环。雄性的双翼和肩、腰呈金属绿色。雌性头顶暗褐色，背部和翼上为褐色，金属绿色光泽不明显。

分布范围：分布于印度、中国南部、东南亚及新几内亚和澳大利亚部分地区；在中国繁殖于长江流域、华南和东南沿海。

生活习性：常活动于多草的池塘、河道和稻田，营巢于树上的洞穴。

（12）鸳鸯

分类：雁形目 ANSERIFORMES　鸭科 Anatidae

英文名：Mandarin duck

学名：*Aix galericulata*

保护等级：《中国濒危动物红皮书》易危物种

未列入 CITES（2019）

国家二级保护野生鸟类

特征描述：体长约40cm，色彩艳丽。雄鸟喙红色，有醒目的白色眉纹、金色颈，背部有收拢后可以立起的棕黄色“帆状蚀羽”。雌鸟体羽亮灰色，有白色眼圈和眼后线。雌性个体缺少金属光泽和直立帆状羽，胸、胸侧、两胁棕褐色杂以淡色斑点。

分布范围：分布于中国东部和日本、朝鲜、韩国等；繁殖于中国的东北、内蒙古；越冬于东南各省。

生活习性：在树上洞穴或河岸上营巢，喜爱多林木的溪流环境。越冬期在鄱阳湖及五河流域多有分布。

（13）水雉

分类：鸻形目 CHARADRIIFORMES　水雉科 Jacanidae

英文名：Pheasant-tailed jacana

学名：*Hydrophasianus chirurgus*

保护等级：未列入《中国濒危动物红皮书》

未列入 CITES（2019）

国家二级保护野生鸟类

特征描述：体长约33cm。头部和颈部前端为白色，颈部后端覆盖有一片十分鲜艳亮眼的金黄色羽毛，背部、腹部及尾羽为棕褐色，两翼主要为白色，翅尖为黑褐色，尾羽像雉鸡一样是长尾羽。

分布范围：分布于印度至中国、东南亚，南迁至菲律宾及其他群岛；在中国多为夏候鸟。

生活习性：常在小型池塘和湖泊的浮游植物如芡实、睡莲、荷花的叶片上行走。

（14）白腰杓鹬

分类：鸻形目 CHARADRIIFORMES　鹬科 Scolopacidae

英文名：Eurasian curlew

学名：*Numenius arquata*

保护等级：未列入《中国濒危动物红皮书》
未列入 CITES（2019）
国家二级保护野生鸟类

特征描述：体长约 55cm。喙甚长而下弯，体羽为黑褐色与淡褐色相间的横斑，具有细细的褐色纵纹，腰白色，胸部和两胁淡褐色并具有纵纹，下腹部白色，尾羽白色。

分布范围：繁殖于内蒙古东北部、黑龙江、吉林和辽宁；越冬于长江中下游、华南与东南沿海、海南、台湾及西藏南部。

生活习性：喜河口、河岸及沿海滩涂，常在近海处，常成小群活动，边走边将长而向下弯曲的喙插入泥中以探觅食物。

7.5.2 国家重点保护野生鸟类（鄱阳湖区罕见物种）

（1）蓑羽鹤

分类：鹤形目 GRUIFORMES　鹤科 Gruidae

英文名：Demoiselle Crane

学名：*Anthropoides virgo*

保护等级：未列入《中国濒危动物红皮书》
CITES（2019）附录Ⅱ物种
国家二级保护野生鸟类

特征描述：体长 68 ～ 92cm，是鹤类中个体最小者。通体呈蓝灰色，眼先、头侧、喉和前颈呈黑色；眼后有一白色耳簇羽极为醒目；前颈黑色羽延长，悬垂于胸部；脚呈黑色；飞翔时翅尖呈黑色。

分布范围：在中国，繁殖于中国东北、内蒙古西部的鄂尔多斯高原及西北；越冬于西藏南部。

生活习性： 栖息于开阔平原草地、草甸沼泽、芦苇沼泽、苇塘、湖泊、河谷、半荒漠和高原湖泊草甸等环境中，有时也到农田活动，特别是秋冬季节。

（2）黑脸琵鹭

分类： 鹳形目 CICONIIFORMES　鹮科 Threskiornithidae

英文名： Black-faced spoonbill

学名： *Platalea minor*

保护等级：《中国濒危动物红皮书》濒危物种

未列入 CITES（2019）

国家一级保护野生鸟类

特征描述： 体长 60～78cm 的中型涉禽。喙长而直，黑色，上下扁平，先端扩大成匙状；脚较长，黑色，胫下部裸出；额、喉、脸、眼周和眼先全为黑色，且与喙的黑色融为一体；其余全身白色；繁殖期间头后枕部有长而呈发丝状的黄色冠羽，前颈下部有黄色颈圈。

分布范围： 繁殖于朝鲜岛屿和辽东半岛东侧的小岛；在中国，冬季南迁至江西、贵州、福建、广东、香港、海南和台湾。

生活习性： 喜泥泞水塘、湖泊或泥滩，在水中慢慢行进，觅食的方法通常是用小铲子一样的长喙插进水中，半张着喙，在浅水中一边涉水前进一边左右晃动头部扫荡，通过触觉捕捉到水底层的鱼、虾、蟹、软体动物、水生昆虫和水生植物等各种生物。

（3）小白额雁

分类： 雁形目 ANSERIFORMES　鸭科 Anatidae

英文名： Lesser white-fronted goose

学名： *Anser erythropus*

保护等级： 未列入《中国濒危动物红皮书》

未列入 CITES（2019）

国家二级保护野生鸟类

特征描述： 外形和白额雁相似，但体形较白额雁小，体色较深。喙、脚亦较白额雁短；而额部白斑却较白额雁大，一直延伸到两眼之间的头顶部，不像白额雁仅及喙基；另外，小白额雁眼周金黄色，而白额雁不为金黄色。

分布范围： 繁殖于欧亚极地；越冬于巴尔干、中东及中国东部的疏树草原及农田。

生活习性：冬季和迁徙期间多栖息于开阔的湖泊、江河、水库、海湾以及开阔的草原。

（4）红胸黑雁

分类：雁形目 ANSERIFORMES　鸭科 Anatidae

英文名：Red-breasted goose

学名：*Branta ruficollis*

保护等级：未列入《中国濒危动物红皮书》
CITES（2019）附录Ⅱ物种
国家二级保护野生鸟类

特征描述：体长为 53～56cm。体羽有金属光泽。头、后颈为黑褐色；两侧眼和喙之间有一椭圆形白斑；胸部也是栗红色，外面也围着一条窄的白边；翅膀和整个上体均为黑色，翅膀上还有两道白色的横斑；腹部主要为黑色，两胁为白色，下腹部以及尾上和尾下的覆羽也是白色。

分布范围：繁殖于西伯利亚极地冻土带的泰梅尔半岛；越冬于东、南欧；在中国罕见于湖南、湖北和江西。

生活习性：冬季与其他雁混合，飞行时紧密成群而非“V”字形。常停栖于湖泊。

（5）大天鹅

分类：雁形目 ANSERIFORMES　鸭科 Anatidae

英文名：Whooper swan

学名：*Cygnus cygnus*

保护等级：《中国濒危动物红皮书》易危物种
未列入 CITES（2019）
国家二级保护野生鸟类

特征描述：体形高大，体长 120～160cm，全身雪白。喙为黑色，喙基有大片黄色，延至上喙侧缘成尖。与小天鹅相比大天鹅喙部的黄色区域更大，超过了鼻孔的位置。

分布范围：分布于亚洲，冬季分布于中国长江流域及附近湖泊；春季迁徙经中国华北、新疆、内蒙古而到黑龙江，到达蒙古国及俄罗斯西伯利亚等地繁殖。

生活习性：栖息于开阔的、水生植物繁茂的浅水水域。性喜集群，除繁殖期外常成群生活，特别是冬季，常呈家族群活动，有时也多至数十至数百只的大群栖息在一起。

（6）青头潜鸭

分类：雁形目 ANSERIFORMES　鸭科 Anatidae

英文名：Baer's Pochard

学名：*Aythya baeri*

保护等级：未列入《中国濒危动物红皮书》
未列入 CITES（2019）
国家一级保护野生鸟类

特征描述：体圆，头大。雄鸟头和颈为黑色，并具绿色光泽，眼为白色。上体为黑褐色，下背和两肩杂以褐色虫蠹状斑，腹部为白色，与胸部栗色截然分开，并向上扩展到两胁前面，下腹杂有褐斑；两胁淡栗褐色，具有白色端斑。雌鸟头、颈黑褐色，眼褐色，喙基内侧有一红褐色斑，上体和胸部淡棕褐色。

分布范围：在中国主要繁殖于黑龙江、吉林、辽宁、内蒙古及河北东北部等地区，越冬于长江中下游以及福建、广东等沿海地区，偶尔漂泊到台湾。

生活习性：繁殖期主要栖息在富有芦苇和蒲草等水生植物的小湖中，冬季多栖息在大的湖泊、江河、海湾、河口、水塘和沿海沼泽地带。

（7）中华秋沙鸭

分类：雁形目 ANSERIFORMES　鸭科 Anatidae

英文名：Chinese Merganser

学名：*Mergus squamatus*

保护等级：《中国濒危动物红皮书》稀有物种
未列入 CITES（2019）
国家一级保护野生鸟类

特征描述：体长 49～63cm，喙形侧扁，前端尖出，与鸭科其他种类具有平扁的喙形不同。喙和腿脚为红色。雄鸟头部和上背为黑色，下背、腰部和尾上覆羽白色；翅上有白色翼镜；头顶的长羽后伸成双冠状；胁羽上有黑色鱼鳞状斑纹。雌鸟头和上颈棕褐色，羽冠较短。背部灰蓝色，其余似雄鸟。

分布范围：繁殖于西伯利亚、朝鲜北部及中国东北；越冬于中国的华南及华中，偶见于日本、朝鲜和东南亚。

生活习性：出没于湍急的河流，有时在开阔湖泊，成对或以家庭为群，潜水捕食鱼类。

（8）斑头秋沙鸭

分类：雁形目 ANSERIFORMES　鸭科 Anatidae

英文名：Smew

学名：*Mergellus albellus*

保护等级：未列入《中国濒危动物红皮书》

未列入 CITES（2019）

国家二级保护野生鸟类

特征描述：体长约 42cm。雄鸟繁殖羽头颈为白色；眼周和眼先为黑色，在眼区形成一块黑斑；枕部两侧为黑色，中央为白色，各羽均延长形成羽冠；背为黑色，背至胸侧有两道黑线。雌鸟头顶一直到后颈为栗色，眼先和脸为黑色，颊、颈侧、颏和喉为白色，背为黑褐色。喙前端呈钩状。

分布范围：分布于北欧及北亚；越冬于欧洲南部、地中海、印度北部、中国和日本等；在中国，繁殖于内蒙古东北部，冬季南迁时经过中国大部分地区，但不常见。

生活习性：栖息于小池塘及河流，潜水觅食，在树洞中繁殖。

（9）阔嘴鹬

分类：鸻形目 CHARADRIIFORMES　鹬科 Scolopacidae

英文名：Broad-billed sandpiper

学名：*Limicola falcinellus*

保护等级：未列入《中国濒危动物红皮书》

未列入 CITES（2019）

国家二级保护野生鸟类

特征描述：体长约 17cm。喙略下弯，具微小纽结，使其看似破裂；头顶为黑褐色；眼上具两道白眉，其中上道较细，下道较粗，二者在眼前合二而一，并沿眼先延伸到喙基；翼角常具明显的黑色块斑。

分布范围：繁殖于北欧和西伯利亚北部，冬季在热带地区至澳大利亚；在中国，迁徙时途经东部沿海至台湾、海南及广东的沿海地区。

生活习性：性孤僻，喜潮湿的沿海滩涂、沙滩及沼泽地。

（10）翻石鹬

分类：鸻形目 CHARADRIIFORMES　鹬科 Scolopacidae

英文名：Ruddy turnstone

学名：*Arenaria interpres*

保护等级：未列入《中国濒危动物红皮书》
未列入 CITES（2019）
国家二级保护野生鸟类

特征描述：体长 18～24cm，体色鲜艳，由栗色、白色和黑色交杂而成。喙短，为黑色；脚为橙红色。到了冬天，翻石鹬身上的栗红色就会消失，而换上单调且朴素的深褐色羽毛。

分布范围：繁殖于纬度较高地区，冬季南迁至南美洲、非洲及亚洲的热带地区至澳大利亚及新西兰；在迁徙时见于中国东部沿海和海南岛，部分在福建、广东和台湾越冬。

生活习性：平时喜欢栖息在潮间带、河口沼泽或是礁石海岸等湿地环境。

（11）小杓鹬

分类：鸻形目 CHARADRIIFORMES　鹬科 Scolopacidae

英文名：Little curlew

学名：*Numenius minutus*

保护等级：未列入《中国濒危动物红皮书》
未列入 CITES（2019）
国家二级保护野生鸟类

特征描述：体长约 30cm，是体形最小的杓鹬。头顶为黑褐色，具较细的中央冠纹；贯眼纹为黑褐色，眉纹为淡黄色；背、肩为羽黑色，密布淡黄色羽缘斑；前颈、胸皮为黄色，具有细的黑褐色条纹；腹为白色，两胁具有黑褐色斑；喙峰略微向下弯曲，下喙基部为肉色。

分布范围：分布于俄罗斯、蒙古、日本、韩国、泰国、菲律宾、新加坡等国；越冬于印度尼西亚、新几内亚、澳大利亚；偶然飞抵塔斯马尼亚岛、新西兰等。

生活习性：栖息地在湖边、沼泽、河岸及附近的草地和农田。冬季出现在沿海地区。

7.5.3 省级重点保护野生鸟类

（1）小䴙䴘

分类：䴙䴘目 PODICIPEDIFORMES　䴙䴘科 Podicedidae

英文名：Little grebe

学名：*Tachybaptus ruficollis*

保护等级：列入《有重要生态、科学、社会价值的陆生野生动物名录》

特征描述：体长约25cm。上体为黑褐色，部分羽毛尖端为苍白；眼先、颏、上喉等为黑褐色；下喉、耳羽、颈侧为红栗色；喙黑色而具白端，喙基部有醒目的白斑；冬季背部颜色较深，为灰褐色，腹部为淡棕黄色。

分布范围：分布于欧亚大陆、非洲、印度、斯里兰卡、缅甸、日本等国家和中国各地。

生活习性：栖息于湖泊、水塘、水渠、池塘和沼泽地带，也见于水流缓慢的江河和沿海芦苇沼泽中。善于游泳和潜水，常潜水取食，以水生昆虫成虫及幼虫、鱼、虾等为食。

（2）凤头䴙䴘

分类：䴙䴘目 PODICIPEDIFORMES　䴙䴘科 Podicipedidae

英文名：Great crested grebe

学名：*Podiceps cristatus*

保护等级：列入《江西省级重点保护野生动物名录》

特征描述：体长约50cm。颈修长，具显著的深色羽冠，下体近白色，上体为纯灰褐色。繁殖期成鸟颈背为栗色，颈具鬃毛状饰羽。

分布范围：分布于古北界、非洲、印度、澳大利亚及新西兰；广泛分布于中国各地湖泊，指名亚种为地区性常见留鸟，部分为候鸟。

生态习性：繁殖期成对作精湛的求偶炫耀，两相对视，身体高高挺起并同时点头。

（3）普通鸬鹚

分类：鹈形目 PELECANIFORMES　鸬鹚科 Phalacrocoracidae

英文名：Great cormorant

学名：*Phalacrocorax carbo*

保护等级：列入《有重要生态、科学、社会价值的陆生野生动物名录》

特征描述：体长 72～87cm，体重大于 2kg。通体黑色，头颈具紫绿色光泽，两肩和翅具青铜色光彩，喙角和喉囊为黄绿色，眼后下方为白色，繁殖期间脸部有红色斑，头颈有白色丝状羽，下胁具白斑。

分布范围：繁殖于北半球北部；越冬于繁殖地南部；在中国繁殖于中部和北部，大群聚集青海湖，迁徙经中部，越冬于南方省份、海南岛及台湾。

生活习性：常成群栖息于水边岩石上或水中，善游泳和潜水，呈垂直站立姿势，在水中游泳时身体下沉较多，颈向上伸直，头微向上仰。主要通过潜水捕食。

（4）苍鹭

分类：鹳形目 CICONIIFORMES　鹭科 Ardeidae

英文名：Grey heron

学名：*Ardea cinerea*

保护等级：列入《有重要生态、科学、社会价值的陆生野生动物名录》

特征描述：体长约 90cm 的大型鹭类，通体为灰、白、黑色，贯眼纹及冠羽为黑色，飞羽、翼角及两道胸斑为黑色，头、颈、胸及背为白色，颈部具有黑色纵纹。

分布范围：分布于非洲、马达加斯加、欧亚大陆，从英伦三岛往东到远东海岸和萨哈林岛和日本，往南到朝鲜、蒙古、伊拉克、伊朗、印度、中国和中南半岛一些国家。

生活习性：栖息于江河、溪流、湖泊、水塘、海岸等水域岸边及其浅水处，性格孤僻，严冬时节在沼泽边常可以看到独立寒风中的苍鹭。在浅水区觅食，主要捕食鱼及青蛙，也吃哺乳动物和鸟类。

（5）绿鹭

分类：鹳形目 CICONIIFORMES　鹭科 Ardeidae

英文名：Green-backed heron

学名：*Butorides striata*

保护等级：列入《有重要生态、科学、社会价值的陆生野生动物名录》

特征描述：体长约 43cm 的小型鹭类。头顶、冠羽和眼下纹为绿黑色，冠羽向后延伸，中央冠羽较长；两翼及尾为青蓝色并具绿色光泽，羽缘皮为黄色；

腹部为粉灰色。

分布范围：分布于非洲、马达加斯加、印度、中国、东北亚及东南亚、马来诸岛、菲律宾、新几内亚、澳大利亚；在中国长江以南繁殖的种群多为留鸟，长江以北繁殖的种群多要迁徙。

生活习性：性羞怯，常栖于池塘、溪流、稻田、芦苇地等有植物覆盖的水域沿岸。

7.6 江西省新记录鸟类物种

细嘴鸥

分类：鸻形目 CHARADRIIFORMES 鸥科 Laridae

英文名：Slender-billed gull

学名：*Chroicocephalus genei*

保护等级：列入《有重要生态、科学、社会价值的陆生野生动物名录》

特征描述：体长 42～47cm。夏羽头、颈为白色，背、肩、翅上覆羽、内侧飞羽为淡灰色，腰、尾上覆羽、尾为白色；外侧初级飞羽为白色，端部为黑色；内侧初级飞羽为淡灰色，尖端为黑色；次级飞羽为淡灰色；下体为白色，下胸、腹常为粉红色。成鸟冬羽与成鸟夏羽相似，耳羽有比眼大的灰色斑。幼鸟为头白色，头顶有较淡的黄灰色斑；后颈、背、肩、翅上覆羽淡褐色，羽缘淡灰色，形成鳞状斑；腰、尾上覆羽、尾羽白色，尾有褐色次端斑；外侧初级飞羽为白色，外翈羽缘和尖端为黑褐色；下体为白色。

分布范围：繁殖于自地中海西部经黑海、里海，东至哈萨克斯坦、阿富汗、巴基斯坦和印度西北部；越冬于欧洲南部、西非、北非、红海、波斯湾等地；偶见于尼泊尔、泰国，甚至日本；在中国偶见于云南（大理、洱海）、香港。

生活习性：在潮间带觅食，用喙在淤泥中探索；在空中搜寻时会急降水面，在离水面 1m 处跃入水中，在水中常倒立觅食。食物主要为鱼、昆虫、海洋无脊椎动物等。

7.7　资源评价

7.7.1　多样性

保护区共记录有鸟类 273 种，占全国鸟类总数（1445 种）的 18.9%，占鄱阳湖地区鸟类总数（312）种的 87.5%。鸟类生态类群多样，包括了游禽、涉禽、陆禽和猛禽。游禽类有雁鸭类、䴙䴘类，涉禽类有鹤类、鹭类、鸻鹬类，此外还有大量雀形目鸟类。从整个鄱阳湖来看，保护区属于鸟类资源最为丰富的地区之一。

7.7.2　稀有性

在保护区内，国家重点保护野生物种和全球性珍稀濒危物种丰富。在记录到的 273 种鸟类之中，包含国家重点保护鸟类 49 种，其中，国家一级保护野生鸟类 9 种，分别为东方白鹳、黑鹳、黑脸琵鹭、青头潜鸭、中华秋沙鸭、白鹤、白枕鹤、白头鹤和黄胸鹀；国家二级保护野生鸟类有 40 种，包括白琵鹭、红胸黑雁、鸿雁、白额雁、小白额雁、红胸黑雁、小天鹅、大天鹅、棉凫、鸳鸯、斑头秋沙鸭和灰鹤等；以及江西省省级重点保护野生鸟类 68 种，包括小䴙䴘、凤头䴙䴘、普通鸬鹚、苍鹭和绿鹭等。

7.7.3　代表性

鄱阳湖湿地每年越冬水鸟平均达 40 万只，其中，雁鸭类是优势类群，雁鸭类水鸟占鄱阳湖湿地越冬水鸟总数量的 70%。保护区是鄱阳湖湿地雁鸭类数量最多的自然保护区，豆雁、鸿雁、白额雁和小天鹅是优势物种。同时，鄱阳湖湿地也是全球鹤类的重要越冬地，甚至成为白鹤的避难所。保护区分布有在鄱阳湖区越冬的 5 种鹤类，近年来各种鹤类的数量比较稳定，已成为鹤类物种的重要栖息地。因此，保护区的鸟类群落结构特征既能反映鄱阳湖湿地水鸟结构特征，也是鄱阳湖湿地旗舰种的重要越冬地。

7.7.4 国际意义

鄱阳湖湿地是全球重要的候鸟越冬地，具有重要的国际意义。鄱阳湖湿地之所以能够为众多的越冬候鸟提供适宜的栖息地，与鄱阳湖广袤的湿地面积和多样化的湿地生境是密不可分的。都昌湿地是鄱阳湖湿地的重要组成部分，都昌候鸟省级自然保护区是鄱阳湖区面积最大的自然保护区，为越冬候鸟提供了适宜的栖息地，保护区内分布有鄱阳湖湿地最大的鸿雁、豆雁、灰雁和小天鹅群体，在维持鄱阳湖越冬候鸟生存中发挥着重要的作用。

7.8 保护管理建议

鉴于保护区鸟类资源特点和保护管理面临的问题，建议采取以下几项措施。

①建议保护区尽快申报建立国家级自然保护区，并申报国际重要湿地。

②加强保护区基础设施，建议在重要区域建设野外保护站点，对保护区人员开展专业培训，提高管理人员的业务素质。

③加强野外巡护执法，进一步对保护区内及周边地区的居民开展宣传教育活动，提高群众的自然保护意识。

④加强对保护区内鸟类资源的监测，掌握鸟类资源动态变化，为保护的管理提供充分的科学依据。

⑤加强与国内外科研机构的合作与交流，积极引进资金和人才，在保护区内开展有深度的科学研究工作。

第8章

哺乳动物多样性

在收集历史资料的基础上，研究人员于2021年4月和8月先后2次对保护区哺乳动物资源进行了实地考察，并结合访问调查得知：保护区现已记录哺乳动物27种，隶属7目14科，占江西省哺乳动物总数的25.7%。动物区系组成以东洋界种类为主，有14种属东洋界种类，占该保护区哺乳动物总物种数的51.9%；有13种属广布种，占该保护区哺乳动物总物种数的48.1%。无古北界种类。保护区内分布有国家一级保护野生哺乳动物长江江豚、中华穿山甲和麋鹿，国家二级保护野生哺乳动物獐、豹猫和中华鬣羚。

8.1 调查方法

哺乳动物调查主要采用网捕法、红外相机法和铗日法。其中，网捕法主要用于翼手目动物调查，红外相机法主要用于中小型哺乳动物调查，铗日法主要用于啮齿目和食虫目动物的调查。同时开展走访调查，走访保护区工作人员和周边社区群众，结合以往的调查报告和研究人员采集的标本来确定物种信息。

依据《中国兽类野外手册》进行物种识别，物种分类以《中国兽类名录（2021版）》为准进行统计，物种区系特征参考《中国哺乳动物多样性及地理分布》，CITES公约采用2023年新修订的《濒危野生动植物国际贸易公约》；IUCN物种濒危等级采自2021年最新评定的等级；物种保护等级依据《国家重点保护野生动物名录》统计，受胁状况参考《中国濒危动物红皮书》。

8.2 结果与分析

8.2.1 物种组成

保护区现已记录27种哺乳动物，隶属7目14科，占江西省105种哺乳动物的25.7%。其中，劳亚食虫目2科2种、翼手目1科2种、鳞甲目1科1种、兔形目1科1种、啮齿目3科11种、食肉目2科5种、鲸偶蹄目4科5种（表8–1）。

表8–1 保护区哺乳动物名录

中文名	学名	动物区系			保护级别
		东洋界	古北界	广布种	
Ⅰ劳亚食虫目	EULIPOTYPHLA				
一、猬科	Erinaceidae				
1. 东北刺猬	*Erinaceus amurensis*			※	◎
二、鼩鼱科	Soricidae				
2. 臭鼩	*Suncus murinus*	※			
Ⅱ翼手目	CHIROPTERA				
三、蝙蝠科	Vespertilionidae				
3. 东方蝙蝠	*Vespertilio superans*			※	
4. 普通伏翼	*Pipistrellus pipistrellus*			※	
Ⅲ、鳞甲目	PHOLIDOTA				
四、鲮鲤科	MANIDAE				
5. 中华穿山甲	*Manis pentadactyla*	※			I
Ⅳ兔形目	LAGOMORPHA				
五、兔科	Leporidae				
6. 华南兔	*Lepus sinensis*			※	◎
Ⅴ啮齿目	RODENTIA				
六、松鼠科	Sciuridae				
7. 北松鼠	*Sciurus vulgaris*			※	◎
8. 倭花鼠	*Tamiops maritimus*			※	◎
9. 赤腹松鼠	*Callosciurus erythraeus*			※	◎
七、鼠科	Muridae				
10. 中华姬鼠	*Apodemus draco*			※	

（续）

中文名	学名	动物区系			保护级别
		东洋界	古北界	广布种	
11. 黑线姬鼠	*A. agrarius*			※	
12. 小家鼠	*Mus musculus*	※			
13. 针毛鼠	*Niviventer fulvescens*	※			
14. 黄胸鼠	*R. tanezum*			※	
15. 褐家鼠	*R. norvegicus*			※	
16. 黄毛鼠	*R. losea*	※			
八、豪猪科	Hystricidae				
17. 马来豪猪	*Hystrix brachyura*	※			◎
Ⅵ 食肉目	CARNIVORA				
九、鼬科	Mustelidae				
18. 黄鼬	*Mustela sibirica*			※	◎
19. 鼬獾	*Melogale moschata*	※			◎
20. 亚洲狗獾	*Meles leucurus*	※			◎
21. 猪獾	*Arctonyx collaris*	※			◎
十、猫科	Felidae				
22. 豹猫	*Prionailurus bengalensis*	※			Ⅱ
Ⅶ 鲸偶蹄目	CETARTIODACTYLA				
十一、猪科	Suidae				
23. 野猪	*Sus scrofa*			※	
十二、鹿科	Cervidae				
24. 獐	*Hydropotes inermis*	※			Ⅱ
25. 麋鹿	*Elaphurus davidianus*	※			Ⅰ
十三、牛科	Bovidae				
26. 中华鬣羚	*Capricornis milneedwardsii*	※			Ⅱ
十四、鼠海豚科	Phocoenoidae				
27. 长江江豚	*Neophocaena asiaeorientalis*	※			Ⅰ

注：Ⅰ代表国家一级保护野生哺乳动物；Ⅱ代表国家二级保护野生哺乳动物；◎代表有重要生态、科学、社会价值的陆生野生动物；※ 代表该物种所属的动物区系。

8.2.2 区系特征

保护区发现的27种哺乳动物中，有14种属东洋界种类，占该保护区哺乳动物总物种数的51.6%；有13种属广布种，占该保护区哺乳动物总物种数的48.2%；无古北界种类分布。由此可见，保护区内的哺乳动物东洋界种类和广布种比例相当，东洋界种类略高于广布种，这与保护区动物区系属东洋界华中区东部丘陵平原亚区相一致。无古北界种类是本保护区兽类动物区系的又一特征。

8.2.3 保护动物

保护区分布有国家一级保护野生哺乳动物3种，分别是长江江豚、中华穿山甲和麋鹿；国家二级保护野生哺乳动物3种，分别为豹猫、中华鬣羚、獐。国家重点保护野生哺乳动物占该保护区哺乳动物总物种数的22.2%。麋鹿主要来自江西省野放的麋鹿种群，该种群从鄱阳湖湿地公园向整个鄱阳湖区扩散，目前已扩散到保护区。

此外，有10种哺乳动物属“国家保护的有益的或者有重要经济、科学研究价值的陆生野生动物”，分别为东北刺猬、华南兔、北松鼠、倭花鼠、赤腹松鼠、马来豪猪、黄鼬、鼬獾、亚洲狗獾、猪獾，占整个保护区哺乳动物总数的37.0%。

8.2.4 资源现状

保护区内哺乳动物优势种为小型啮齿动物，主要是黑线姬鼠和针毛鼠，二者是保护区内的常见物种。长江江豚在保护区内种群较大，属于最常见的大中型哺乳动物。麋鹿种群目前尚不稳定，主要来源于野放种群。河獐种群近年来有增长的趋势。总体来说，相较于湿地类型的自然保护区而言，该保护区哺乳动物比较丰富，国家重点保护野生哺乳动物较多。

8.2.5 重要物种生态特征

（1）**麋鹿**

分类：鲸偶蹄目 CETARTIODACTYLA　鹿科 Cervidae

英文名：Père David's deer

学名：*Elaphurus davidianus*

保护等级：《中国濒危动物红皮书》极危物种

未列入 CITES（2019）

国家一级保护野生哺乳动物

特征描述：体长 170～217cm，尾长 60～75cm。雄性肩高 122～137cm，雌性 70～75cm。麋鹿角形状特殊，没有眉杈。颈和背比较粗壮，四肢粗大。侧蹄发达，适宜在沼泽地中行走。夏毛为红棕色，冬季脱毛后为棕黄色；初生幼仔毛色为橘红色，并有白斑。

分布范围：原广泛分布于中国长江中下游沼泽地带，在 10000～3000 年以前相当繁盛，以长江中下游为中心分布，西起山西省北到黑龙江省。在朝鲜和日本也发现过麋鹿化石。后来由于自然气候变化和人类的猎杀，麋鹿近乎绝种。如今通过放养，已重新建立了自然种群。

生态习性：性格较温顺，好合群，善游泳，主要以禾本科、薹类及其他多种嫩草和树叶为食。

（2）**獐**

分类：鲸偶蹄目 CETARTIODACTYLA　鹿科 Cervidae

英文名：Chinese water deer

学名：*Hydropotes inermis*

保护等级：《中国濒危动物红皮书》易危物种

未列入 CITES（2019）

国家二级保护野生哺乳动物

特征描述：体长 91～103cm，尾长 6～7cm，体重 14～17kg。两性都无角；雄獐上犬齿发达，凸出口外成獠牙；尾极短，被臀部的毛遮盖；毛粗而脆；幼獐毛被有线色斑点，纵行排列。

分布范围：分布于中国长江沿岸以及朝鲜。在中国，南至广东，北至江苏、安徽蚌埠，西至湖南、湖北，东至浙江舟山诸岛。但中国的獐已呈隔离点状或小片状分布。

生态习性：不结大群，单独或成对活动。生性胆小，善于隐藏，也能游泳。喜食植物，主食多汁而嫩的植根茎、树叶等。

（3）**中华鬣羚**

分类：鲸偶蹄目 CETARTIODACTYLA　牛科 Bovidae

英文名：Chinese serow

学名：*Capricornis milneedwardsii*

保护等级：《中国濒危动物红皮书》易危物种

CITES（2019）附录Ⅰ物种

国家二级保护野生哺乳动物

特征描述：头体长 140～170cm，肩高 90～100cm，尾长 11.5～16.0cm，体重 85～140kg。体高腿长，体毛色为黑灰或红灰色，具有向后弯的短角，颈背部有长而蓬松的银白色鬃毛并形成向背部延伸的粗毛脊。

分布范围：国内分布于甘肃、青海、浙江、安徽、湖北、江西、四川、云南、西藏、福建、广东和广西等地。国外主要分布于柬埔寨、老挝、缅甸、泰国和越南等地。

生态习性：主要在海拔 1000～4400m 的针阔混交林、针叶林或多岩石的杂灌林活动。单独或成小群生活。取食草、嫩枝和树叶，喜食菌类，偶尔至盐渍地舔食盐分。

（4）**穿山甲**

分类：鳞甲目 PHOLIDOTA　穿山甲科 Manidae

英文名：Chinese pangolin

学名：*Manis pentadactyla*

保护等级：《中国濒危动物红皮书》极危物种

CITES（2019）附录Ⅰ物种

国家一级保护野生哺乳动物

特征描述：头体长 42～92cm，尾长 28～35cm，体重 2～7kg。全身披鳞，如瓦状，躯干鳞片共 15～18 列。成体鳞片边缘呈橙褐色或灰褐色，幼体鳞片呈黄色。舌长，无齿。耳不发达。足具 5 趾，并有强爪；前足爪长，尤以中间第 3 爪特长，后足爪较短小。

分布范围：国内广泛分布于南方各省。国外分布于不丹、印度、老挝、缅甸、尼泊尔、泰国和越南等地。

生态习性：通常单独或成对活动，喜炎热，能攀爬。可以利用前爪在泥土中挖深 2～4m、直径 20～30cm 的洞，并在末端有直径约 2m 的巢穴。以长舌舔食白蚁、蚁、蜜蜂或其他昆虫。

（5）**长江江豚**

分类：鲸偶蹄目 CETARTIODACTYLA　鼠海豚科 Phocaenidae

英文名：Yangtze finless porpoise

学名：*Neophocaena asiaeorientalis*

保护等级：《中国濒危动物红皮书》极危物种

CITES（2019）附录Ⅰ物种

国家一级保护野生哺乳动物

特征描述：体形较小，头部钝圆，额部隆起稍向前凸起；吻部短而阔，上下颌几乎一样长。全身呈铅灰色或灰白色，体长一般在 1.2m，最长的可达 1.9m，貌似海豚。

分布范围：主要分布于洞庭湖、鄱阳湖以及周边长江干流内，还包括安徽、湖北、江苏、江西、湖南和上海等地的湖泊或江段。

生态习性：通常栖于咸淡水交界的海域，也能在大小河川的淡水中生活，喜单独活动，有时也三五成群。性情活泼，常在水中上下蹿动，食物包括各种淡水鱼类、虾和乌贼等软体动物。

第9章
长江江豚种群现状

鄱阳湖位于江西省北部，是长江流域最大的通江湖泊，为中国最大的淡水湖，其南接赣江、抚河、信江、饶河和修水五大河流，北与长江相连，在江西省内形成“五河两岸一湖一江”的地理格局。鄱阳湖优越的自然地理位置和气候条件造就了其丰富的生物资源，是长江流域重要的生物多样性保护区域，也是长江江豚（*Neophocaena asiaeorientalis*）的重要栖息地。

长江江豚隶属于哺乳动物纲鲸偶蹄目鼠海豚科江豚属，是江豚仅有的3个淡水亚种之一，2021年最新公布的《国家重点保护野生动物名录》将长江江豚的保护级别从国家二级升为国家一级，《世界自然保护组织联盟（IUCN）红色名录》将其濒危等级定为“濒危（EN）”。长江江豚主要分布在长江中下游及与长江相通的鄱阳湖和洞庭湖两大湖泊中，在鄱阳湖主要分布在湖口至龙口一带。相关科考资料表明，鄱阳湖区域约有450头长江江豚，数量约占整个长江流域长江江豚数量的一半，被认为是长江江豚的重要保护区。都昌县的老爷庙至小矶山是鄱阳湖长江江豚的集中分布区，在都昌水域开展长江江豚调查能够为保护区的江豚保护工作提供数据支撑，对于整个长江流域的长江江豚保护也具有重要意义。

9.1 考察设计

2019年11月，研究人员对鄱阳湖长江江豚进行了考察，考察从鄱阳湖都昌县渔港码头开始，沿着主航道向湖区上游进行，到达瑞洪镇后返回，返回时沿着主航道向下游考察到鄱阳湖湖口县渔政码头，然后再次返回考察至都昌县渔港码头；赣江水域的考察部分包括老爷庙至吴城镇水域。考察船只长度为14m，功率约为40kW，离水面高度约为0.5m，站在船上的观测高度约为

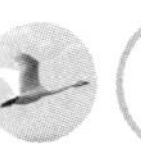

2.5m。考察船只的上行速度约为 10km/h，下行速度约为 12km/h。考察历时约为 35 小时，考察里程约为 300km。

9.2　考察方法

截线抽样法是应用数理统计的原理，进行科学抽样，以目测观察为主的数量及密度考察方法。本次项目中此方法用于长江江豚的种群数量调查、种群分布变动情况监测与栖息地选择利用评估。

由于考察期间鄱阳湖湖区水位较低，绝大部分区域水域宽度在 600m 以下，所以采取沿着两侧岸边 100m 往复调查江豚数量的方法。调查时，由 4 名观察员负责观察和记录。船的前部为观察点，船左右两侧各有一名经过严格训练的观察员，主要观察前方 180° 的区域，中间是一名以记录为主的观察员，第 4 人位于前 3 名观察员身后，计数未被前 3 人观察到的豚的数量，作为 G（0）估计使用。当发现江豚时，需要记录时间、全球定位系统（GPS）位置、群体大小、江豚距观察者距离、动物与观察者之间的连线与船行方向的夹角（左为负角，右为正角）、船岸之间距离、动物到岸距离、环境类型，如果可能，还需要记录江豚出水位置的水深、水流速度、动物的行为特征以及其他的相关资料（图 9-1）。

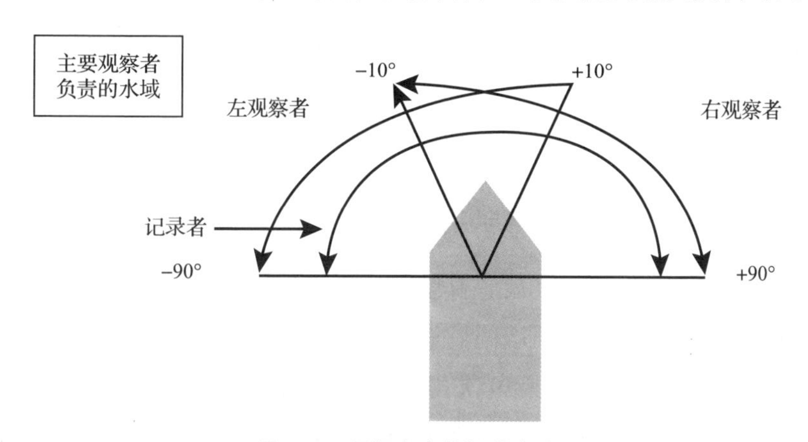

图 9-1　目视考察的调查方法

同时，每 10min 或者船行路线变化的时候需要记录以下数据：船距最近岸的距离、船距哪边岸更近（左 / 右）、船行方向、速度等。当天气变化时，需要记录变化时的时间和地点以及变化情况（雨、雾、风、能见度变化等）。GPS 接收机将实时记录船的航迹，可以在考察结束后下载到计算机中进行分析。GPS接收机会实时记录航迹信息，考察人员每天可以将这些信息下载到电脑上。考察数据采用标准的记录表进行记录，并录入电脑，使用“Distance”等软件进行统计、分析。

9.3 结果与分析

9.3.1 鄱阳湖区长江江豚种群动态

早期研究人员主要关注长江干流江豚的种群数量，专门针对鄱阳湖的种群调查开展较少。1997 年 11 月至 1998 年 11 月，首次开展了鄱阳湖长江江豚的完整调查，结果表明，鄱阳湖长江江豚的种群数量估算为 100～400 头，种群数量随季节、水位、鱼类资源的变化而呈现出相应的变化。进入 21 世纪后，中国科学院水生生物研究所对鄱阳湖长江江豚种群开展了系统的调查。结果显示，2005—2007 年，丰水期鄱阳湖长江江豚种群数量约为 487 头（95% *CI*=256～932），密度为 0.780 头 /km^2（95% *CI*=0.552～1.102）；枯水期长江江豚种群数量为 484 头（95% *CI*=248～657），密度为 3.113 头 /km^2（95% *CI*=2.466～3.930）。2012 年和 2017 年估算鄱阳湖长江江豚的种群数量分别为 450 头（95% *CI*=51～3432）和 457 头（95% *CI*=329～634），其间种群数量保持相对稳定，约占到目前整个现存种群的 1/2。

9.3.2 保护区长江江豚种群数量

2019 年 11 月，保护区开展了鄱阳湖长江江豚种群调查，考察历时 5d，总有效考察里程 346.3km。在鄱阳湖一共观测到长江江豚 367 次，526 头次。其中，在保护区实验区内发现 59 次，149 头次江豚，占整个湖区江豚总数的 28.3%。按照最近的鄱阳湖区长江江豚种群数量估计（457 头），保护区的长江江豚数量约为 129 头。

9.3.3 保护区长江江豚的分布

考察期间，江豚集中分布在康山大堤附近的支流河道、老爷庙及周边沙坑和赣江北支吴城镇以下江段中（图9–2）。枯水期几乎在整个湖区适宜水深范围的水域都有江豚分布，自湖口铁路大桥向上游直至各个支流尾闾区域呈连续分布。余干县瑞洪镇三江口水域、永修县松门山以北沙坑，都昌县老爷庙、赣江吴城镇至河口水域和湖口县鞋山附近水域是江豚集中的分布区。此次考察处于鄱阳湖枯水期的最低水位，江豚集中在狭窄的河道中，尤其是都昌以上江段，江豚分布集中。鄱阳湖自庐山市向下游湖口水域，长江江豚的分布很少。这可能是由于该水域水面较窄，船舶航行的强度大，渔业资源匮乏，导致长江江豚集中向鄱阳湖上游分布。图9–3显示了历次考察长江江豚在保护区内的分布。可以明显地发现，长江江豚在保护区水域内的分布密度高。

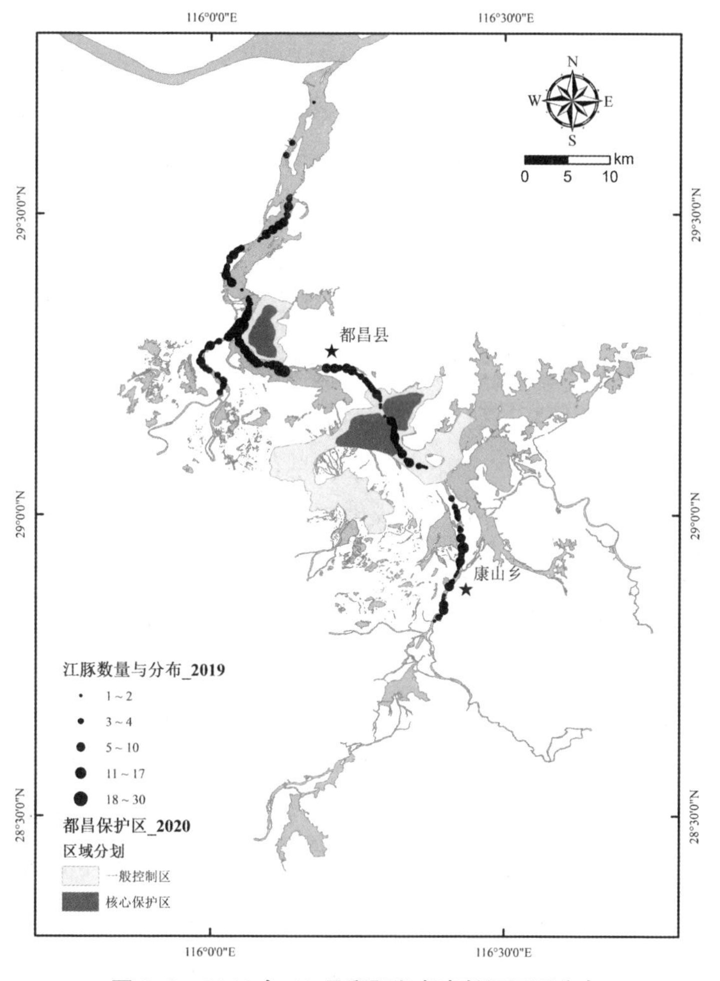

图9–2　2019年11月鄱阳湖考察长江江豚分布

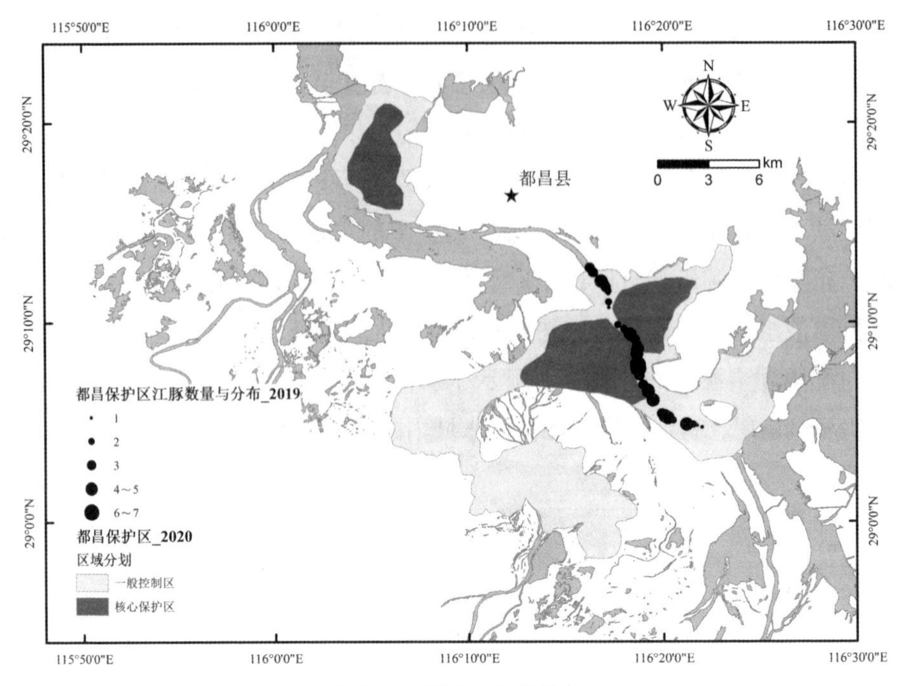

图 9–3　保护区江豚分布

9.3.4　长江江豚的社群结构

2009 年、2010 年和 2011 年，中国科学院水生生物研究所在鄱阳湖都昌水域开展了连续 3 年的捕豚科研活动，共捕获长江江豚 93 头。应用 Siler's Model 建立了生命表，结果显示，鄱阳湖长江江豚的种群呈现下降趋势，下降速率为 3.5%/ 年。在捕获的 93 头长江江豚中，雌雄性比为 44∶49，接近 1∶1，其中，共捕获到成年雌性江豚 27 头，B 超检测确认其中 19 头怀孕，妊娠率为 70.37%。2009 年捕获的一头怀孕长江江豚在 2011 年被重捕，再次怀孕，表明野外性成熟的雌性长江江豚可以间隔一年妊娠。

3 年共捕获 21 对母子豚，16 对是同一批捕起，其中，雌性后代年龄为 0.1～9.5 岁不等（10 头），雄性后代均小于 2 岁（6 头）。所有父子对均不是同一批捕起，说明雄性可能不参与抚幼。湖区长江江豚最稳定的集群单元可能是母子对，母子对有可能单独活动或者生活在大群体中，大群体的社会结构有典型的母系社会特征，即雌性后代留在出生群体中，而雄性后代 2 岁左右扩散出去，扩散出去的雄性长江江豚的分布具有随机性。研究还发现，长江江豚为混交制，雌性个体约 4.5 岁时就能成功生育后代，且生殖年限在 10 年以上。

9.3.5　长江江豚在鄱阳湖主湖区及支流的迁移

2018 年 6 月，研究人员在鄱阳湖水域开展了长江江豚无线电跟踪实验，对 2 头长江江豚实施了为期 16d 的跟踪，结果显示，随着水位的上涨，长江江豚从释放的瑞洪镇下游支流河道向鄱阳湖主湖区进行移动，表明长江江豚在不同季节可能存在主湖区和主要支流间的移动行为；推测其移动方向为枯水期由湖入河，而丰水期由河入湖。

2018 年 10 月至 2020 年 8 月，研究人员在信江、抚河和赣江南支交汇处（康山河段）至都昌县的主湖区水域（约 70km）开展了逐月的长江江豚种群监测，结果显示，在鄱阳湖湖区及支流水域长江江豚分布呈明显的季节性变化，低水位时期目击频次最多，在康山河段和湖区主航道呈连续分布。高水位时期，康山河段目击频次最少，长江江豚在主湖区扩散分布。不同季节长江江豚的核心栖息地分布有所不同：中低水位时期，其 50% 核心栖息地为三山水域、龙口水域、康山至三江口水域；高水位时期，其 50% 核心栖息地为都昌县附近水域和三山附近水域（湖区水域）。长江江豚在鄱阳湖湖区和主要支流间存在季节性的迁移活动，且迁移行为与水位波动有良好的时间一致性，其移动方向在枯水期由湖区进入支流，而在丰水期由支流进入湖区。

9.3.6　长江江豚的生存威胁

根据农业农村部（原农业部）公开的 2008—2016 年长江中下游水域长江江豚死亡数据（251 头）分析，意外死亡高发的时间是每年 11 月至次年 4 月。其中，大部分长江江豚死因不明，或者因为腐烂严重被当地渔政部门掩埋。从能够辨别的死因分析来看，非法渔具捕捞（23.7%）、螺旋桨击打（19.6%，无法分辨死前被击打还是死后被击打）、疾病（14.4 %）和饥饿（13.4 %）是主要原因。

鄱阳湖长江江豚种群结构的调查结果显示，该种群具有较高的妊娠率和相对较短的生殖间隔，自然繁殖力很强。然而，自 2005 年以来种群数量仍然相对稳定（种群数量未达环境容纳量），说明非自然因素导致的个体死亡可能是鄱阳湖长江江豚种群发展面临的主要问题。近年来，鄱阳湖人为活动加剧、鱼类资源快速衰退及异常低水位的频繁出现，给鄱阳湖长江江豚的生存带来严重挑战，其中无序挖砂及非法渔业活动等造成的栖息地丧失及质量下降、鱼类资源衰退和直接导致的伤亡等是长江江豚生存的主要威胁因素。

（1）鱼类资源衰退及非法渔业活动

长江江豚是典型的机会型捕食者，小型鱼类资源衰退是导致种群快速下降的主要原因之一。鄱阳湖长期过度捕捞及非法渔具的使用，破坏了鱼类资源生态，渔获物组成也日趋小型化、低龄化，渔获量严重下降，食物的短缺对长江江豚的长期生存造成威胁。对鄱阳湖长江江豚食性研究的结果显示，长江江豚食性的变化主要是由湖区鱼类组成的季节性变化引起的，半洄游型鱼类是长期的主要食物来源，半洄游型鱼类的保护对鄱阳湖长江江豚保护非常重要。

渔民作业时使用的有害和非法渔具、渔法，比如滚钩、迷魂阵，甚至是毒鱼、炸鱼、电鱼等，对豚类有直接的杀伤作用，常导致其意外死伤。在鄱阳湖开展的渔民调查结果显示，在长江十年禁渔政策实施之前，渔民普遍大量使用非法渔具，而且为了规避监管，他们多是在夜间开展非法捕捞。长江江豚具有晨昏捕食的特性，在夜间和清晨及傍晚时分捕食活跃，这就导致非法捕捞活动与长江江豚捕食时空重叠。尽管渔民没有主观伤害长江江豚的意愿，但由于误捕导致的伤亡不可避免。因此，解决鱼类资源持续下降和渔民生存之间的矛盾是实现鄱阳湖水生生物多样性恢复和保护的关键。自 2021 年开始，在鄱阳湖全湖实施十年禁渔，将为水生生物的保护和恢复提供重要的机遇，也将较好地促进鄱阳湖长江江豚种群的保护。

（2）采砂

自 2000 年以后，长江干流禁止采砂。鄱阳湖是长江中下游流域的重要采砂区，多年来的超负荷采砂对湖区的生态环境造成了较大影响。无序及过量的采砂作业导致长江江豚栖息地被破坏，包括采砂严重破坏底栖生物和鱼类栖息地、破坏河床底质及区域水体的理化性质、改变水文情势和增加水下噪声等，导致采砂区域渔业资源下降和栖息地丧失及质量下降，影响长江江豚生存。同时，采砂和运砂船产生的水下噪声可能会干扰长江江豚的声呐系统，导致动物听觉系统受损，甚至船舶的螺旋桨会直接击伤、击毙动物。此外，由于采砂导致湖区河床下降，枯水期湖区水位进一步降低，水域面积缩小，航运密度增加等，进一步加剧了人类活动与长江江豚接触的密度，放大了各种人类活动的威胁。

（3）涉水工程建设

涉水工程对长江江豚的首要影响可能是造成迁移的阻隔。研究人员对鄱阳湖湖口水域的铜九铁路大桥火车通过时不同桥墩处的水下噪声进行监测，结果显示，火车通行时噪声都只明显增加背景噪声的低中频成分（2kHz 以下），而在较高频率（10kHz 以上）没有增加或者增加不明显。桥墩处（距离 2m）和窄孔径间（40m 墩距）的火车噪声在全频带高于背景噪声近 30dB，这说明在窄孔径的铁路桥水域，完全形成了一道声音屏障；宽孔径（126m 墩距）的两桥墩间噪声较小。

此外，涉水施工过程中船舶、机械设备等各种作业设备以及运行后大型航行船舶的聚集和装卸将可能会对生活在该水域的长江江豚产生一些不良影响，主要包括以下几个方面。

①水下噪声强度增加，长江江豚呈现逃避和长潜的行为。连续的水下噪声可能会导致长江江豚声呐系统功能紊乱，无法定位和巡航，其结果是被螺旋桨击伤或击毙。而水下爆破施工等，会产生高强度的水下噪声，可能直接导致其死亡。研究表明，湖口至南京之间江段，接近 30% 的白鱀豚是由于水下爆破和船舶撞击导致的直接损伤而死亡。

②水利工程施工和营运期间，由于江面被挤占，单位面积水面船舶数量增加，甚至出现船舶聚集，船舶产生的噪声虽然不会导致豚类和其他水生动物死亡，但是被螺旋桨击伤和击毙的可能性不能排除。

③施工冲洗废水、施工船舶和运输船舶污水以及施工人员的生活污水等，可能发生泄漏的风险，对周边水质产生影响，间接影响长江江豚的生存。

（4）航运交通

长江干流不同江段水下噪声测量结果表明，除复新洲中部夹江的水下噪声声压级约 130dB 外，其余江段的水下噪声均为 140～150dB，会对长江江豚的分布造成显著影响。鄱阳湖的航运主要集中在通江水道和赣江北支水域，枯水期水面束窄后，密集的航运对长江江豚的影响不容忽视。研究显示，枯水期鄱阳湖长江江豚的目击率与货船密度呈显著负相关关系。

（5）水体污染

长江江豚虽然生活在水中，但是并不会直接饮用江水，主要依靠食物来补充水分。因此，一般意义上的水质污染（如营养盐等），并不会直接对长江江豚造成伤害，其主要的影响机制是导致长江江豚饵料资源的下降，以及污染物通过食物链富集在长江江豚体内，导致其伤亡。长江和鄱阳湖近岸水域部分金属元素含量水平较高，已受到不同程度污染。重金属的毒性通过联合或转化而加强，可以通过食物链成千上万倍地富集放大，特别在鱼类、虾贝类富集程度更高，直接影响鱼类乃至以鱼为食的长江江豚的健康和生长发育。

一些持久性污染物和重金属等，也可以通过皮肤接触和食物链等途径，短期内在长江江豚身上大量富集，造成急性伤亡。2005 年，在洞庭湖水域，由于过量投放杀灭钉螺的药物，引起近岸水体污染，导致 5 头长江江豚因为汞中毒死亡。当前尚未有鄱阳湖长江江豚污染物的相关研究，一项集合长江干流和洞庭湖及鄱阳湖的研究显示，长江江豚体内持久性污染物的含量较高，其中，双对氯苯基三氯乙烷（DDT）可能会对长江江豚的生存造成威胁。而对重金属的分析发现长江江豚体内微量元素浓度在长江干流和两湖之间没有显著差异，长江江豚组织中汞和镉的含量高于其他小型鲸类，对它们毒性的潜在风险需进一步关注。

9.4 保护建议

（1）扩大保护区域，加强长江江豚保护

2004 年 4 月，经江西省人民政府批准，建立了鄱阳湖长江江豚省级自然保护区，总面积 6800hm^2，包括老爷庙小区（4900hm^2）和龙口小区（1900hm^2），核心区面积 2700hm^2。连续的种群监测显示，鄱阳湖是长江江豚分布密度最高的水域，不同水位时期长江江豚在全湖都呈现高密度分布，当前的保护区面积较小，无法有效覆盖全部高密度分布区。鉴于鄱阳湖长江江豚保护的重要性，建议加强鄱阳湖长江江豚保护，扩大保护区域。

（2）管控通江水道人类活动，促进江湖迁移行为恢复

研究显示，维持洞庭湖和鄱阳湖长江江豚种群与长江干流种群的交流会显著延缓长江江豚种群的平均灭绝时间。低水位时期，都昌老爷庙水域是整个湖区最大和最连续的适宜栖息地。此外，在鄱阳湖的通江水道上，尤其是蛤蟆石至湖口水域，是鄱阳湖低水位时期长江江豚适宜的栖息地。但是，连续的监测显示，在这些水域长江江豚分布密度不高，江湖移动的行为和规模都显著缩小，

提示长江江豚在这些水域的分布受到人类活动的影响。建议未来需要更关注低水位时期通江水道人类活动的管控，恢复长江江豚分布，甚至可以促进其江湖移动。

（3）切实加强鄱阳湖水域非法人类活动的管理

曹文宣院士指出："鄱阳湖的长江江豚保护工作最重要的问题不是挖沙，不是航运，不是非法捕捞，不是水污染，也更加不是低枯水位！对上述这些人类活动的有效管理才是最关键的问题！"对鄱阳湖捕获长江江豚种群的血液生理生化分析结果也显示，其面临栖息地恶化和外部的环境压力。在长江十年禁渔的有利条件下，切实加强鄱阳湖水域非法人类活动的管理，彻底清除非法捕捞，科学规划采砂区域及采砂量，管控航运船舶等，可显著提升长江江豚的保护效果。另外，逐步取缔现有的围堰和矮围，恢复湖区与碟形湖之间的自由水文连通，或可有效促进鄱阳湖水生生境的保护和恢复。

（4）加强对鄱阳湖长江江豚的研究和监测

多年来，鄱阳湖长江江豚的研究工作主要由中国科学院水生生物研究所开展。近五年来，江西省内的科研院所开始参与长江江豚种群和栖息地监测。为了提高对鄱阳湖长江江豚等水生生物的保护，2021 年 1 月，江西省成立了鄱阳湖水生生物保护救助中心，主要承担全省水生生物保护、救护、利用等工作。建议该中心加强对鄱阳湖长江江豚的研究和监测，如采用长航时无人机和实时水下被动声学监测等手段，建立鄱阳湖长江江豚种群监测体系。此外，该中心还应在都昌靠近鄱阳湖主湖区水域建设长江江豚救护基地，负责鄱阳湖长江江豚的救护工作。

第10章 维管植物多样性和植被类型

为了解保护区的维管植物多样性和冬末春初植被分布状况，保护区联合南昌大学生命科学学院于2021年1月下旬和6月下旬开展了植物多样性调查，在洲滩进行了植被样方调查，共计90个样方；在朱袍山、泗山、瓢山、猪山、甑皮山、肇州山等6个岛屿进行了植被调查和植物标本采集，并参考《鄱阳湖湿地植物》《中国湿地高等植物图志》等文献资料和近年标本采集记录，共记录维管束植物113科329属498种（含种下单位），其中蕨类植物9科9属10种，裸子植物4科9属11种，被子植物100科312属477种。

10.1 调查方法

根据保护区的分区及地形特点，共设定了8条调查样线（表10–1），所有样线均根据海拔由高至低，起始于岸边而终止于无植被处。总共调查了90个样方。

表10–1 调查样线信息

编码	样线名称	样线经纬度（°）		样方数量（个）
		起点	终点	
JS	小矶山	E116.113698；N 29.271866	E116.108239；N29.272484	15
SS	射山	E116.112839；N 29.319145	E116.113299；N29.319663	10
HJZ	黄金咀	E116.280045；N29.205432	E116.294953；N29.192965	15
DZS	大咀山	E116.354189；N29.166464	E116.342015；N29.162524	10
HS	花山	E116.338188；N29.154236	E116.338803；N29.157339	10
TYD1	棠荫岛1	E116.374622；N29.101474	E116.371748；N29.100039	10
TYD2	棠荫岛2	E116.372593；N29.106708	E116.369308；N29.104934	10
TYD3	棠荫岛3	E116.367491；N29.111772	E116.369416；N29.112902	10

根据每条样线上植物群落的变化，设置调查样方。样方面积为 1m × 1m，样方调查内容包括样方经纬度、物种组成、高度、盖度、多度、生物量。植物种识别与鉴定依据葛刚等主编的《鄱阳湖湿地植物》，植物高度使用钢卷尺直接测量，植物盖度采用目视估计法估计，多度估计根据植物多度和盖度采用 Drude 七级制度，生物量测定使用精度为 5g 的电子秤现场测定地上生物量。各样方的基本信息如表 10–2 所示。

表 10–2　各调查样线的调查样方位置及群落类型

调查地点	样方编号	经度（°）	纬度（°）	群落类型
小矶山	JS–1–1	116.113698	29.271866	灰化薹草群落
小矶山	JS–1–2	116.113572	29.271936	灰化薹草群落
小矶山	JS–1–3	116.113537	29.272058	灰化薹草群落
小矶山	JS–1–4	116.113393	29.271991	灰化薹草群落
小矶山	JS–1–5	116.113308	29.272085	灰化薹草群落
小矶山	JS–2–1	116.110135	29.271668	蓼子草群落
小矶山	JS–2–2	116.635077	29.161838	蓼子草群落
小矶山	JS–2–3	116.109865	29.271796	蓼子草群落
小矶山	JS–2–4	116.109720	29.271837	蓼子草群落
小矶山	JS–2–5	116.109605	29.271899	蓼子草群落
小矶山	JS–3–1	116.108777	29.272076	蓼子草群落
小矶山	JS–3–2	116.108730	29.272136	灰化薹草群落
小矶山	JS–3–3	116.108589	29.272207	灰化薹草群落
小矶山	JS–3–4	116.108354	29.272396	蓼子草群落
小矶山	JS–3–5	116.108239	29.272484	蓼子草群落
射山	SS–1–1	116.113299	29.319663	灰化薹草群落
射山	SS–1–2	116.113434	29.319769	灰化薹草群落
射山	SS–1–3	116.113480	29.319834	灰化薹草群落
射山	SS–1–4	116.113643	29.320000	灰化薹草群落
射山	SS–1–5	116.114039	29.320262	灰化薹草群落
射山	SS–2–1	116.108239	29.272484	蓼子草群落
射山	SS–2–2	116.112411	29.318713	蓼子草群落
射山	SS–2–3	116.112566	29.318838	蓼子草群落

（续）

调查地点	样方编号	经度（°）	纬度（°）	群落类型
射山	SS-2-4	116.112634	29.318940	蓼子草群落
射山	SS-2-5	116.112839	29.319145	蓼子草群落
黄金咀	HJZ-1-1	116.280045	29.205432	蓼子草群落
黄金咀	HJZ-1-2	116.280124	29.205220	蓼子草群落
黄金咀	HJZ-1-3	116.280292	29.204950	蓼子草群落
黄金咀	HJZ-1-4	116.280390	29.204368	蓼子草群落
黄金咀	HJZ-1-5	116.280440	29.204137	蓼子草群落
黄金咀	HZJ-2-1	116.281602	29.202863	灰化薹草群落
黄金咀	HZJ-2-2	116.281865	29.202646	灰化薹草群落
黄金咀	HZJ-2-3	116.282254	29.202199	灰化薹草群落
黄金咀	HZJ-2-4	116.282351	29.202266	灰化薹草群落
黄金咀	HZJ-2-5	116.282630	29.202166	灰化薹草群落
黄金咀	HZJ-3-1	116.290707	29.192178	蓼子草群落
黄金咀	HZJ-3-2	116.291531	29.192393	蓼子草群落
黄金咀	HZJ-3-3	116.293111	29.192749	蓼子草群落
黄金咀	HZJ-3-4	116.294540	29.193315	蓼子草群落
黄金咀	HZJ-3-5	116.294953	29.192965	蓼子草群落
花山	HS-1-1	116.338188	29.154236	蓼子草群落
花山	HS-1-2	116.338012	29.154370	蓼子草群落
花山	HS-1-3	116.337803	29.154523	蓼子草群落
花山	HS-1-4	116.337568	29.154704	蓼子草群落
花山	HS-1-5	116.337433	29.154967	蓼子草群落
花山	HS-2-1	116.337625	29.155753	灰化薹草群落
花山	HS-2-2	116.337761	29.155980	灰化薹草群落
花山	HS-2-3	116.337954	29.156391	灰化薹草群落
花山	HS-2-4	116.338350	29.156777	灰化薹草群落
花山	HS-2-5	116.338803	29.157339	灰化薹草群落
大咀山	DZS-1-1	116.342015	29.162524	灰化薹草群落
大咀山	DZS-1-2	116.342254	29.162719	灰化薹草群落
大咀山	DZS-1-3	116.342561	29.162922	灰化薹草群落

（续）

调查地点	样方编号	经度（°）	纬度（°）	群落类型
大咀山	DZS-1-4	116.342902	29.163230	灰化薹草群落
大咀山	DZS-1-5	116.343265	29.163518	灰化薹草群落
大咀山	DZS-2-1	116.343363	29.165006	蓼子草群落
大咀山	DZS-2-2	116.343423	29.165292	蓼子草群落
大咀山	DZS-2-3	116.344172	29.165987	蓼子草群落
大咀山	DZS-2-4	116.344655	29.166168	蓼子草群落
大咀山	DZS-2-5	116.354189	29.166464	蓼子草群落
棠荫岛	TYD-1-1	116.374622	29.101474	灰化薹草 – 蓼子草群落
棠荫岛	TYD-1-2	116.374486	29.101354	灰化薹草 – 蓼子草群落
棠荫岛	TYD-1-3	116.374355	29.101276	灰化薹草 – 蓼子草群落
棠荫岛	TYD-1-4	116.374042	29.101177	灰化薹草 – 蓼子草群落
棠荫岛	TYD-1-5	116.373724	29.101029	灰化薹草群落
棠荫岛	TYD-2-1	116.372842	29.100606	蓼子草群落
棠荫岛	TYD-2-2	116.372460	29.100496	蓼子草群落
棠荫岛	TYD-2-3	116.372131	29.100356	蓼子草群落
棠荫岛	TYD-2-4	116.371934	29.100231	蓼子草群落
棠荫岛	TYD-2-5	116.371748	29.100039	蓼子草群落
棠荫岛	TYD-3-1	116.369308	29.104934	蓼子草群落
棠荫岛	TYD-3-2	116.369578	29.105097	蓼子草群落
棠荫岛	TYD-3-3	116.369802	29.105210	蓼子草群落
棠荫岛	TYD-3-4	116.369989	29.105323	蓼子草群落
棠荫岛	TYD-3-5	116.370308	29.105564	蓼子草群落
棠荫岛	TYD-4-1	116.370834	29.105932	灰化薹草 – 蓼子草群落
棠荫岛	TYD-4-2	116.371632	29.106218	灰化薹草群落
棠荫岛	TYD-4-3	116.371854	29.106360	灰化薹草 – 蓼子草群落
棠荫岛	TYD-4-4	116.372172	29.106509	灰化薹草 – 蓼子草群落
棠荫岛	TYD-4-5	116.372593	29.106708	灰化薹草 – 蓼子草群落
棠荫岛	TYD-5-1	116.367491	29.111772	蓼子草群落
棠荫岛	TYD-5-2	116.367377	29.111852	蓼子草群落
棠荫岛	TYD-5-3	116.367580	29.111984	蓼子草群落

（续）

调查地点	样方编号	经度（°）	纬度（°）	群落类型
棠荫岛	TYD–5–4	116.367743	29.111997	蓼子草群落
棠荫岛	TYD–5–5	116.368009	29.112138	蓼子草群落
棠荫岛	TYD–6–1	116.368077	29.123310	灰化薹草群落
棠荫岛	TYD–6–2	116.368368	29.112538	灰化薹草群落
棠荫岛	TYD–6–3	116.368532	29.112650	灰化薹草群落
棠荫岛	TYD–6–4	116.368820	29.112693	灰化薹草群落
棠荫岛	TYD–6–5	116.369416	29.112902	灰化薹草群落

10.2 结果与分析

10.2.1 植物区系组成

根据调查，保护区内共有维管植物 113 科 330 属 498 种（含种下单位）。其中，蕨类植物 9 科 9 属 10 种，裸子植物 4 科 9 属 11 种，被子植物 100 科 312 属 477 种（双子叶植物 81 科 242 属 362 种；单子叶植物 19 科 70 属 115 种）。现将具体数值列于表 10–3，保护区维管植物名录见附录。

表 10–3 保护区维管植物区系组成

类别	科数（个）	占总科数百分比（%）	属数（个）	占总属数百分比（%）	种数（种）	占总种数百分比（%）
蕨类植物	9	8.0	9	2.7	10	2.0
裸子植物	4	3.5	9	2.7	11	2.2
双子叶植物	81	71.7	242	73.3	362	72.7
单子叶植物	19	16.8	70	21.3	115	23.1
总计	113	100.0	330	100.0	498	100.0

10.2.2 维管植物科属的组成

保护区维管植物科内属种的组成见表 10–4，种子植物科内属种组成的数量分析见表 10–5。

表 10-4　保护区维管束植物科内属、种的组成　　单位：个

科名	保护区 属 / 种	中国 属 / 种	世界 属 / 种	分布类型
1. 木贼科 Equisetaceae	1/2	1/9	1/25	世界分布
2. 里白科 Gleicheniaceae	1/1	3/24	6/150	泛热带
3. 海金沙科 Lygodiaceae	1/1	1/10	1/45	泛热带
4. 蕨科 Pteridiaceae	1/1	2/7	2/10	泛热带
5. 凤尾蕨科 Pteridaceae	1/1	2/100	2/200	世界分布
6. 乌毛蕨科 Blechnaceae	1/1	7/20	12/240	泛热带
7. 苹科 Marsileaceae	1/1	1/2	2/71	世界分布
8. 槐叶萍科 Salviniaceae	1/1	1/1	1/10	世界分布
9. 满江红科 Azollaceae	1/1	1/1	1/7	世界分布
10. 银杏科 Ginkgoaceae	1/1	1/1	1/1	东亚分布
11. 松科 Pinaceae	1/2	10/97	10/230	温带分布
12. 柏科 Cupressaceae	6/6	9/42	22/150	温带分布
13. 罗汉松科 Podocarpaceae	1/2	2/14	7/130	世界分布
14. 杨柳科 Salicaceae	2/3	3/231	3/530	温带分布
15. 胡桃科 Juglandaceae	1/1	7/27	8/60	温带分布
16. 壳斗科 Fagaceae	3/4	5/279	8/900	泛热带分布
17. 榆科 Ulmaceae	3/3	8/52	15/150	泛热带分布
18. 桑科 Moraceae	4/4	17/159	53/1400	泛热带分布
19. 荨麻科 Urticaceae	1/1	22/252	45/550	泛热带分布
20. 马兜铃科 Aristolochiaceae	1/1	4/62	7/350	泛热带分布
21. 蓼科 Polygonaceae	6/23	11/210	40/800	温带分布
22. 苋科 Amaranthaceae	7/22	57/248	188/2300	世界分布
23. 番杏科 Aizoaceae	1/1	4/9	20/650	泛热带分布
24. 商陆科 Phytolaccaceae	1/2	2/5	12/100	泛热带分布
25. 马齿苋科 Portulacaceae	1/1	3/7	20/500	世界分布
26. 石竹科 Caryophyllaceae	6/9	29/316	66/1600	世界分布
27. 睡莲科 Nymphaeaceae	2/2	5/10	8/100	世界分布
28. 金鱼藻科 Ceratophyllaceae	1/1	1/5	1/7	世界分布
29. 毛茛科 Ranunculaceae	5/10	41/687	51/1900	温带分布

（续）

科名	保护区 属 / 种	中国 属 / 种	世界 属 / 种	分布类型
30. 小檗科 Berberidaceae	2/2	11/280	14/600	东亚 – 北美间断分布
31. 防己科 Menispermaceae	2/3	20/60	65/350	泛热带分布
32. 木兰科 Magnoliaceae	2/2	11/100	25/250	热带亚洲 – 美洲间断分布
33. 樟科 Lauraceae	3/3	20/1400	45/2500	泛热带分布
34. 罂粟科 Papaveraceae	1/3	20/230	43/500	温带分布
35. 十字花科 Brassicaceae	5/11	102/440	510/6200	温带分布
36. 景天科 Crassulaceae	2/4	10/247	35/1600	世界分布
37. 海桐花科 Pittosporaceae	1/1	1/34	9/200	旧世界热带
38. 金缕梅科 Hamamelidaceae	2/2	17/79	27/140	温带分布
39. 悬铃木科 Platanaceae	1/1	1/3	1/7	东亚 – 北美间断分布
40. 蔷薇科 Rosaceae	10/19	60/912	100/2000	世界分布
41. 豆科 Leguminosae	19/21	150/1120	600/13000	世界分布
42. 酢浆草科 Oxalidaceae	1/1	3/13	10/900	世界分布
43. 牻牛儿苗科 Geraniaceae	1/1	4/20	11/600	世界分布
44. 芸香科 Rutaceae	2/4	24/145	150/900	泛热带分布
45. 楝科 Meliaceae	2/2	16/113	50/1400	泛热带分布
46. 远志科 Polygalaceae	1/1	5/47	11/1000	世界分布
47. 大戟科 Euphorbiaceae	7/10	63/345	300/5000	泛热带分布
48. 水马齿科 Callitrichaceae	1/1	1/4	1/25	世界分布
49. 黄杨科 Buxaceae	1/2	3/19	6/40	泛热带分布
50. 漆树科 Anacardiaceae	3/3	16/56	60/600	泛热带分布
51. 冬青科 Aquifoliaceae	1/3	1/118	3/400	泛热带分布
52. 卫矛科 Celastraceae	2/4	12/183	55/850	泛热带分布
53. 省沽油科 Staphyleaceae	1/1	4/20	5/60	热带亚洲 – 热带美洲间断
54. 鼠李科 Rhamnaceae	5/5	15/134	58/900	世界分布
55. 葡萄科 Vitaceae	3/7	7/124	12/700	泛热带分布
56. 锦葵科 Malvaceae	7/8	57/220	253/4300	泛热带分布
57. 山茶科 Theaceae	3/5	14/397	30/500	泛热带分布
58. 金丝桃科 Hypericaceae	1/4	3/54	10/300	温带分布

（续）

科名	保护区 属 / 种	中国 属 / 种	世界 属 / 种	分布类型
59. 堇菜科 Violaceae	1/2	4/120	18/800	世界分布
60. 大风子科 Flacourtiaceae	1/1	13/28	80/500	泛热带分布
61. 瑞香科 Thymelaeaceae	1/1	9/90	40/500	世界分布
62. 胡颓子科 Elaeagnaceae	1/1	2/41	3/50	温带分布
63. 千屈菜科 Lythraceae	3/3	11/47	25/550	世界分布
64. 菱科 Trapaceae	1/2	1/5	1/30	旧世界热带
65. 柳叶菜科 Onagraceae	1/1	10/60	20/600	温带分布
66. 小二仙草科 Haloragidaceae	1/3	2/7	6/120	世界分布
67. 五加科 Araliaceae	1/1	23/160	80/900	泛热带分布
68. 伞形科 Apiaceae	5/5	58/540	305/3225	温带分布
69. 杜鹃花科 Ericaceae	1/1	14/718	50/1300	温带分布
70. 紫金牛科 Myrsinaceae	1/2	6/128	35/1000	旧世界热带
71. 报春花科 Primulaceae	1/7	12/534	20/1000	温带分布
72. 柿树科 Ebenaceae	1/2	1/40	1/400	泛热带分布
73. 木樨科 Oleaceae	1/3	4/188	29/600	泛热带分布
74. 龙胆科 Gentianaceae	1/2	14/350	80/900	温带分布
75. 夹竹桃科 Apocynaceae	3/3	46/157	250/2000	泛热带分布
76. 萝藦科 Asclepiadaceae	2/3	36/231	120/2000	泛热带分布
77. 旋花科 Convolvulaceae	3/4	21/102	55/1650	世界分布
78. 紫草科 Boraginaceae	1/1	51/209	100/2000	温带分布
79. 马鞭草科 Verbenaceae	3/7	16/166	75/3000	泛热带分布
80. 唇形科 Labiatae	9/10	94/793	180/3500	世界分布
81. 茄科 Solanaceae	4/7	24/140	80/3000	泛热带分布
82. 玄参科 Scrophulariaceae	5/7	54/610	220/3000	世界分布
83. 胡麻科 Pedaliaceae	2/2	2/2	18/60	热带亚洲 – 热带非洲间断
84. 狸藻科 Lentibulariaceae	1/3	2/19	40/170	世界分布
85. 车前草科 Plantaginaceae	1/2	1/16	3/370	世界分布
86. 茜草科 Rubiaceae	7/9	74/474	510/6200	泛热带分布
87. 忍冬科 Caprifoliaceae	2/2	12/207	15/450	温带分布

（续）

科名	保护区 属/种	中国 属/种	世界 属/种	分布类型
88. 山矾科 Symplocaceae	1/2	1/80	1/250	泛热带分布
89. 败酱科 Valerianaceae	1/1	3/40	13/400	温带分布
90. 葫芦科 Cucurbitaceae	9/9	29/141	110/640	泛热带分布
91. 桔梗科 Campanulaceae	3/3	15/134	50/1000	泛热带分布
92. 菊科 Asteraceae	24/34	207/2170	900/13000	世界分布
93. 白花菜科 Cleomaceae	1/1	5/42	45/800	泛热带分布
94. 桃金娘科 Myrtaceae	1/1	9/126	100/3000	泛热带分布
95. 香蒲科 Typhaceae	1/1	1/10	1/18	世界分布
96. 眼子菜科 Potamogetonaceae	1/8	7/39	8/100	世界分布
97. 茨藻科 Najadaceae	1/3	1/4	1/35	世界分布
98. 泽泻科 Alismataceae	2/5	5/13	13/100	世界分布
99. 水鳖科 Hydrocharitaceae	4/5	8/24	16/80	泛热带分布
100. 禾本科 Poaceae	28/35	200/1500	700/10000	世界分布
101. 莎草科 Cyperaceae	7/25	33/569	90/4000	世界分布
102. 灯芯草科 Juncaceae	1/3	2/60	8/300	世界分布
103. 棕榈科 Arecaceae	1/1	22/72	217/2500	泛热带分布
104. 天南星科 Araceae	5/7	35/206	115/2000	泛热带分布
105. 鸢尾科 Iridaceae	1/1	3/50	60/800	世界分布
106. 浮萍科 Lemnaceae	3/3	3/6	4/30	世界分布
107. 谷精草科 Eriocaulaceae	1/1	1/30	12/1100	泛热带分布
108. 鸭跖草科 Commelinaceae	2/2	13/49	40/600	泛热带分布
109. 雨久花科 Pontederiaceae	2/2	2/6	7/30	泛热带分布
110. 百合科 Liliaceae	6/9	52/365	250/3700	世界分布
111. 石蒜科 Amaryllidaceae	2/2	14/140	85/1100	泛热带分布
112. 薯蓣科 Dioscoreaceae	1/1	1/80	10/650	泛热带分布
113. 美人蕉科 Cannaceae	1/1	1/9	1/55	热带亚洲－热带美洲间断

保护区种子植物科内所含属数、种数差异较大（表 10–5）。在 104 个科中，含 10 种以上的科共有 11 个，共含 126 属 220 种，虽只占总科数的 10.6%，但却占总属数的 39.4%，占总种数的 45.1%，其中较大的科有蓼科（Polygonaceae，23 种）、苋科（Amaranthaceae，22 种）、蔷薇科（Rosaceae，19 种）、豆科（Leghminosae，

21 种)、菊科（Asteraceae，34 种)、禾本科（Poaceae，35 种)、莎草科（Cyperaceae，25 种）等 7 科。它们在保护区具有明显优势，占据主导地位，对植被的构成、动态和区系组成具有重要作用。含 2～9 种的科有 63 个，占总科数的 60.6%，属、种数分别占 50.9% 和 48.8%；保护区内含 1 属 1 种的科也较多，有 30 科，占总科数的 28.8%，但属、种数仅分别占 9.7% 和 6.1%，在植被组成中占从属地位。

表 10–5　保护区种子植物科内属种组成的数量分析

科内含种数	科数（个）	占总科数百分比（%）	含属数（个）	占总属数百分比（%）	含种数（种）	占总种数百分比（%）
≥20 种	6	5.8	90	28.1	160	32.8
10～19 种	5	4.8	36	11.3	60	12.3
2～9 种	63	60.6	164	50.9	238	48.8
1 种	30	28.8	31	9.7	30	6.1
合计	104	100.0	321	100.0	488	100.0

10.2.3　种子植物科的分布区类型

依照李锡文（1996）关于中国种子植物区系分析的研究方法，本研究对保护区种子植物科的分布区类型进行了划分，划分结果见表 10–6。

表 10–6　保护区种子植物科的分布区类型

分布区类型	科数（个）	占总科数百分比（%）	包含的属 / 种数（个）
世界分布	34	32.7	168/249
泛热带分布	41	39.4	96/138
旧世界热带	3	2.9	3/5
热带亚洲 – 热带美洲间断	3	2.9	4/4
温带分布	19	18.2	44/86
东亚 – 北美间断分布	2	1.9	3/3
东亚分布	1	1.0	1/1
热带亚洲 – 热带非洲间断	1	1.0	2/2
合计	104	100.0	321/488

从保护区种子植物科的区系地理成分分析来看，泛热带分布类型所占的比例最大，有 41 科 96 属 138 种，占总科数的 39.4%；其次是世界广布类型，占

总科数的32.7%。含10种以上的科，多为世界广布科和主产温带科，这体现出该区系中科的温带性质。

10.2.4 种子植物属组成分析

保护区种子植物属内种的组成，含10种以上的属仅蓼属 *Polygonum*（11种），占总属数的0.3%；含5～9种的属有9属，占2.8%，主要有毛茛属 *Ranunculus* L.（6种）、珍珠菜属 *Lysimachia* L.（7种）、蒿属 *Artemisia* L.（6种）、眼子菜属 *Potamogeton* L.（8种）、薹草属 *Carex* L.（8种）、委陵菜属 *Potentilla* L.（5种）、酸模属 *Rumex* L.（5种）、葡萄属 *Vitis* L.（5种）、莎草属 *Cyperus* L.（5种）；含2～4种的属有76属，占总属数的23.7%；仅1种的属有235属，占总属数的73.2%。由此表明，单种属在本区系中占有绝对优势（表10–7）。

表10–7 保护区种子植物属内种的组成

属内含的种数	属数（个）	占总属数百分比（%）	包含的种数（种）	占总种数百分比（%）
10种以上	1	0.3	24	4.9
5～9种	9	2.8	55	11.3
2～4种	76	23.7	175	35.9
1种	235	73.2	234	47.9
合计	321	100.0	488	100.0

10.2.4.1 种子植物属的分布区类型

依照吴征镒等（2006）关于中国种子植物属的分布区类型的划分方法，本研究对保护区种子植物属的分布区类型进行了划分，划分结果如表10–8所示。

表10–8 保护区种子植物属的分布区类型

分布区类型	属数（个）	占总属数百分比（%）	包含的种数（种）	占总种数百分比（%）
1. 世界分布	58	18.1	141	28.9
2. 泛热带分布	77	24.0	100	20.5
3. 东亚（热带、亚热带）–热带美洲间断分布	11	3.4	11	2.3
4. 旧世界热带分布	19	5.9	22	4.5
5. 热带亚洲–热带大洋洲分布	8	2.5	9	1.9

（续）

分布区类型	属数（个）	占总属数百分比（%）	包含的种数（种）	占总种数百分比（%）
6. 热带亚洲 – 热带非洲分布	4	1.3	7	1.4
7. 热带亚洲分布	12	3.7	17	3.5
8. 北温带分布	55	17.1	92	18.8
9. 东亚 – 北美洲间断分布	17	5.3	19	3.9
10. 旧世界温带分布	28	8.7	34	7.0
11. 温带亚洲分布	3	0.9	3	0.6
12. 地中海区、西亚至中亚分布	1	0.3	1	0.2
14. 东亚分布	24	7.5	28	5.7
15. 中国特有属	4	1.3	4	0.8
合计	321	100.0	488	100.0

10.2.4.2　世界分布属

此类型共有 58 属 141 种，分别占总属数的 18.1%，占总种数的 28.9%，这一比例明显大于相邻地区山地植物区系的比例，说明保护区植物分布的世界性特征。世界广布属中有许多是湿地中的主要植物类群，如蒿属 *Artemisia* L.、薹草属 *Carex* L.、藜属 *Chenopodium* L、莎草属 *Cyperus* L.、荸荠属 *Eleocharis* P. Br.、灯芯草属 *Juncus* L.、狐尾藻属 *Myriophyllum* L.、茨藻属 *Najas* L.、眼子菜属 *Potamogeton* L.、酸模属 *Rumex* L.、慈菇属 *Sagittaria* L.、狸藻属 *Utricularia* L. 等。

10.2.4.3　热带分布属

此类型包括泛热带分布、热带亚洲和热带美洲间断分布、旧世界热带分布、热带亚洲至热带大洋洲分布、热带亚洲至热带非洲分布和热带亚洲分布，共计 131 属 166 种，占总属数的 40.9%，占总种数的 34.0%。

泛热带分布　共 77 属，为各类型中最多的。湿地植被中常见的有铁苋菜属 *Acalypha* L.、莲子草属 *Alternanthera* Forsk.、野古草属 *Arundinella* Radd.、鸭跖草属 *Commelina* L.、稗属 *Echinochloa* Beauv.、鳢肠属 *Eclipta* L.、飘拂草属 *Fimbristylis* Vahl.、耳草属 *Hedyotis* L.、丁香蓼属 *Ludwigia* L.、水车前属 *Ottelia* Pers.、黍属 *Panicum* L.、芦苇属 *Phragmites* Trin.、大薸属 *Pistia* L.、马齿苋属 *Portulaca* L.、节节菜属 *Rotala* L.、乌桕属 *Sapium* P. Br.、豨莶属 *Siegesbeckia* L.、苦草属 *Vallisneria* L.、马鞭草属 *Verbena* L. 等。

热带亚洲 – 热带美洲间断分布　共 11 属，分别是落花生属 *Arachis* L.、美

人蕉属 *Canna* L.、辣椒属 *Capsicum* L.、樟属 *Cinnamomum* Trew、秋英属 *Cosmos* Cav.、南瓜属 *Cucurbita* L.、柃属 *Euyra* Thunb.、稻槎菜属 *Lapsanastrum* Pak et K. Bremer、木姜子属 *Litsea* Lam.、地榆属 *Sanguisorba* L. 和雀梅藤属 *Sageretia* Brongn.。

旧世界热带分布 共 19 属，分别是牛膝属 *Achyranthes* L.、簕竹属 *Bambusa* Schreber、冬瓜属 *Benincasa* Savi、黄瓜属 *Cucumis* L.、扁担杆属 *Grewia* L.、牛鞭草属 *Hemarthria* R. Br.、水鳖属 *Hydrocharis* L.、石龙尾属 *Limnophila* R. Br.、楝属 *Melia* L.、苦瓜属 *Momordica* L.、雨久花属 *Monochoria* Prest、水竹叶属 *Murclannia* Royle、野桐属 *Mallotus* Lour.、海桐花属 *Pittosporum* Banks ex Soland、芝麻属 *Sesamum* L.、千金藤属 *Stephania* Lour.、蒲桃属 *Syzygium* Gaertn.、娃儿藤属 *Tylophora* Wolf 和栀子花属 *Gardenia* Eills。

热带亚洲 – 热带大洋洲分布 共 8 属，分别是乌蔹莓属 *Causonis* Raf.、大戟属 *Endospermum* L.、蜈蚣草属 *Eremochloa* Beauv.、紫薇属 *Lagerstroemia* L.、通泉草属 *Mazus* Lour.、蛇舌草属 *Scleromitrion* (Wight et Arn.) Meisn.、香椿属 *Toona* Roem. 和栝楼属 *Trichosanthes* L.。

热带亚洲 – 热带非洲分布 共 4 属，分别是野茼蒿属 *Crassocephalum* Moench.、葫芦属 *Lagenaria* Ser.、芒属 *Miscanthus* Anderss. 和西瓜属 *Citrullus* Neck.。

热带亚洲分布 共 12 属，分别是构属 *Broussonetia* L'Herit. ex Vent、山茶属 *Camellia* L.、柑橘属 *Citrus* L.、芋属 *Colocasia* Schott、蛇莓属 *Duchesnea* Smith、枇杷属 *Erilbotrya* Lindl.、水禾属 *Hygroryza* Nees、苦荬菜属 *Ixeris* Cass.、含笑花属 *Michelia* L.、鸡矢藤属 *Paederia* L.、葛藤属 *Pueraria* DC. 和木荷属 *Schima* Reinw。其中，水禾 *Hygroryza aristata* (Retz.) Nees 为国家二级保护野生植物。

10.2.4.4 温带分布属

温带分布属包括北温带分布、东亚 – 北美洲间断分布、旧世界温带分布、温带亚洲分布和东亚分布，共计 131 属，含 181 种，占总属数的 40.94%。

北温带分布 有 55 属 92 种，占总属数的 16.87%，占总种数的 18.85%。其中，木本属有瑞香属 *Daphne* L.、胡颓子属 *Elaeagnus* L.、桑属 *Morus* L.、栎属 *Quercus* L.、柳属 *Salix* L.、松属 *Pinus* L.、黄杨属 *Buxus* L.、杜鹃属 *Rhododendron* L.、蔷薇属 *Rosa* L.、山楂属 *Crataegus* L.、榆属 *Ulmus* L.、荚迷 *Viburnum* L.、紫荆属 *Cercis* L.、盐肤木属 *Rhus* L.、刺柏属 *Juniperus* L.、杨属 *Populus* L. 等；草本属占大多数，常见的有看麦娘属 *Alopecurus* L.、蓟属 *Cirsium* Mill.、葱属

Allium L.、婆婆纳属 *Veronica* L.、紫堇属 *Corydalis* DC.、葡萄属 *Vitis* L.、委陵菜属 *Potentilla* L.、萹蓄属 *Polygonum* L.、何首乌属 *Pleuropterus Turcz.*、龙牙草属 *Agrmonia* L.、菖蒲属 *Acorus* L.、䓞草属 *Beckmannia* Host、夏枯草属 *Prunella* L.、婆婆纳属 *Veronica* L.、天南星属 *Arisaema* Mart.、百合属 *Lilium* L.、风轮菜属 *Clinopodium* L.、泽泻属 *Alisma* L.、蚤缀属 *Arenaria* L.、翠雀属 *Delphinium* L.、虉草属 *Phalaris* L.、漆姑草属 *Sagina* L.、蝇子草属 *Silene* L.、唐松草属 *Thalictrum* L.、山芫荽属 *Cotula* L.、紫菀属 *Aster* L.、蒲公英属 *Taraxacum* Wiggers 等。许多植物是本区湿地植物的优势种，也是重要的湿地植物资源。

东亚－北美洲间断分布 有17属19种，占总属数的5.31%，占总种数的3.89%，即粉条儿菜属 *Aletris* L.、紫穗槐属 *Amorpha* L.、蛇葡萄属 *Ampelopsis* Michx.、锥属 *Castanopsis* Spach、鸡眼草属 *Kummerowia* Schindl.、胡枝子属 *Lespedeza* Michx.、山胡椒属 *Lindera* Thunb.、枫香属 *Liquidambar* L.、木兰属 *Magnolia* L.、十大功劳属 *Mahonia* Nutt.、莲属 *Nelumbo* Adans、槐属 *Robinia* L.、落羽杉属 *Taxudium* Rich.、络石属 *Trachelospermum* Lem.、漆树属 *Toxicodendron* (Tourn.) Mill.、紫藤属 *Wisteria* Nutt. 和菰属 *Zizania* Gronov. ex L.。

旧世界温带分布 有28属34种，占总属数的8.75%，占总种数的6.97% 分别是筋骨草属 *Ajuga* L.、桃属 *Amygdalus* L.、芦竹属 *Arundo* L.、燕麦属 *Avena* L.、芸薹属 *Brassica* L.、飞廉属 *Carduus* L.、天名精属 *Carpesium* L.、菊属 *Chrysanthemum* L.、鹅绒藤属 *Cynanchum* L.、鸭茅属 *Dactylis* L.、石竹属 *Dianthus* L.、荞麦属 *Fagopyrum* Mill.、萱草属 *Hemerocallis* L.、黑藻属 *Hydrilla* Rich.、益母草属 *Leonurus* L.、女贞属 *Ligustrum* L.、苜蓿属 *Medicago* L.、夹竹桃属 *Nerium* L.、牛至属 *Origanum* L.、马甲子属 *Paliurus* Tourn. ex Mill.、败酱属 *Patrinia* Juss.、费菜属 *Phedimus* Raf.、梨属 *Pyrus* L.、苦苣菜属 *Sonchus* L.、窃衣属 *Torilis* Adans、菱属 *Trapa* L.、附地菜属 *Trigonotis* Stev. 和白前属 *Vincetoxicum* Wolf。

温带亚洲分布 有3属3种，占总属数的0.9%，占总种数的0.6%，分别是黄鹌菜属 *Youngia* Cass.、虎杖属 *Reynoutria* Houtt. 和枫杨属 *Pterocarya* Kunth。

东亚分布 有24属28种，占总属数的7.5%，占总种数的5.7%，分别是盒子草属 *Actinostemma* Griff.、水团花属 *Adina* Salisb.、党参属 *Codonopsis* Wall. ex Roxb.、田麻属 *Corchoropsis* Siebold et Zucc.、柳杉属 *Cryptomeria* D. Don、五加属 *Eleutherococcus* Maxim.、芡实属 *Euryale* Salisb.、野鸦椿属 *Euscaphis* Sieb. et Zucc.、泥

胡菜属 *Hemistepta* Bge.、葎草属 *Humulus* L.、檵木属 *Loropetalum* R. Br.、石蒜属 *Lycoris* Herb.、南天竹属 *Nandina* Makino、沿阶草属 *Ophiopogon* Ker-Gawl.、泡桐属 *Paulownia* Sieb. et Zucc.、紫苏属 *Perilla* L.、刚竹属 *Phyllostachys* Sieb. et Zucc.、半夏属 *Pinellia* Ten.、侧柏属 *Platycladus* Spach、天葵属 *Semiaquilegia* Makino、六月雪属 *Serissa* Comm. ex Juss.、棕榈属 *Trachycarpus* Wendl.、茶菱属 *Trapella* Olive.、荻属 *Triarrhena* Nakai 和油桐属 *Vernicia* Lour.。

10.2.4.5 地中海区、中亚分布属

此类型仅有黄连木属 *Pistacia* L.。

10.2.4.6 中国特有属

中国特有属有 4 属，均为栽培植物属，即水杉属 *Metasequoia* Hu et W.C. Cheng、杉木属 *Cunninghamias* R. Br.、银杏属 *Ginkgo* L. 和箬竹属 *Indocalamus* Nakai。

10.2.5 植物区系的特征

综合以上植物区系调查研究，归纳出保护区植被组成的区系特征如下。

（1）维管植物物种相对丰富

现知维管植物 113 科 330 属 498 种，其中，种子植物 104 科 321 属 488 种，以蓼科、菊科、莎草科、禾本科、蔷薇科和豆科的种类居多。

（2）种子植物分布区类型多样

科的成分以热带、亚热带、温带分布占优势，其次是世界分布科。在属的分布区类型中温带成分略高于热带成分，R/T 值为 1.04，表明保护区植物区系具有明显的南北植物汇合的过渡性质；湿地植物虽具有地带性“烙印”，但隐域性特征明显。

（3）湿地植被中的主要植物群落建群种多为世界广布种

保护区的灰化薹草群落、眼子菜群落、蓼子草群落等的主要植物种类为世界广布种，也是该区域的主要建群种。

（4）保护区植物区系主要由草本植物组成

草本植物占总种数的近 60%，居绝对优势地位。草本植物多生长在湖滩和沼泽环境中，是主要的湿地植物，以水生、湿生和沼生为主。

（5）种子植物区系中各科所含属种差异较大

大科占总科数比例较小，但含有较多的属种；小科占的比例较大，但所含

属种较少。对属的组成而言，少种属所占的比例占有绝对优势，达到 73.13%。

10.2.6　植被类型及其特征

10.2.6.1　群落分类

使用层次聚类法对所调查到的 90 个群落样方进行数量分类，可将 90 个群落样方明显分成 3 组。第 1 组为灰化薹草群落，有 33 个样方，其平均 Silhouette 宽度为 0.69，样方 HJZ23 可能错分；第 2 组为蓼子草群落，有 48 个样方，平均 Silhouette 宽度为 0.93；第 3 组为灰化薹草 + 蓼子草群落，该群落类型常处于蓼子草群落和灰化薹草群落的交错区，共有 9 个样方，其平均 Silhouette 宽度为 0.82。

10.2.6.2　群落描述

根据 Ward 聚类结果，保护区植物社会学排布见表 10–9。

表 10–9　保护区 90 个样方的植物社会学排布

Ward 聚类分组	第 1 组	第 2 组	第 3 组
样方数量（个）	33	48	9
分布高程（m）	10.96 ± 0.62	10.71 ± 0.78	11.14 ± 0.25
平均水淹时长（d）	245 ± 36	255 ± 41	239 ± 41
虉草	.	+	+
蓼子草	1	6	4
马兰	·	·	·
具刚毛荸荠	·	·	·
下江委陵菜	·	·	·
鼠曲草	·	·	·
藜蒿	1	·	·
灰化薹草	5	1	3
肉根毛茛	+	·	·
水田碎米荠	+	+	·
酸模	·	·	·

（1）灰化薹草群落

该群系（图 10–1）在保护区的分布高程为 10.96 ± 0.62m，多年平均水淹时长为 245±36d，土壤为典型的沼泽土。群落高度可达 70cm，盖度可达 100%。常呈单优势群落，主要伴生种有蓼子草、虉草、肉根毛茛、蒌蒿、南荻等，并可与这些物种形成混交群落。

图 10-1　灰化薹草群落

（2）蓼子草群落

据 2020 年冬季调查，该群系（图 10-2）是保护区分布面积最大的群落类型，其分布高程为 10.71±0.78m，多年平均水淹时长为 255±41d，土壤为沙壤土或河相及河湖相沉积物。群落高度不超过 3cm，群落盖度与退水时间和秋季植被发育时长密切相关，部分地段可达 100%。常呈单优势群落，主要伴生种为灰化薹草、水田碎米荠等，可与灰化薹草形成混合群落。

图 10-2　蓼子草群落

（3）灰化薹草 + 蓼子草群落

该类型群落（图 10-3）常处于灰化薹草群落与蓼子草群落的交错区，其分布高程为 11.14±0.25m，多年平均水淹时长为 239±41d。群落高度在

10～30cm，盖度为 30%～75%。群落常分层，10cm 以上为灰化薹草，5cm 以下为蓼子草。群落内少见其他物种，偶见有蒌蒿、虉草等分布。

图 10–3　灰化薹草 + 蓼子草群落

10.2.6.3　群落分布

如图 10–4 所示，保护区鄱阳湖主湖水域周边分布有大面积的蓼子草群落，这一植被群落成为鄱阳湖美丽的湿地景观，近年来受到社会广泛关注。在保护区西部，则分布有大面积的灰化薹草群落和灰化薹草 + 蓼子草群落。

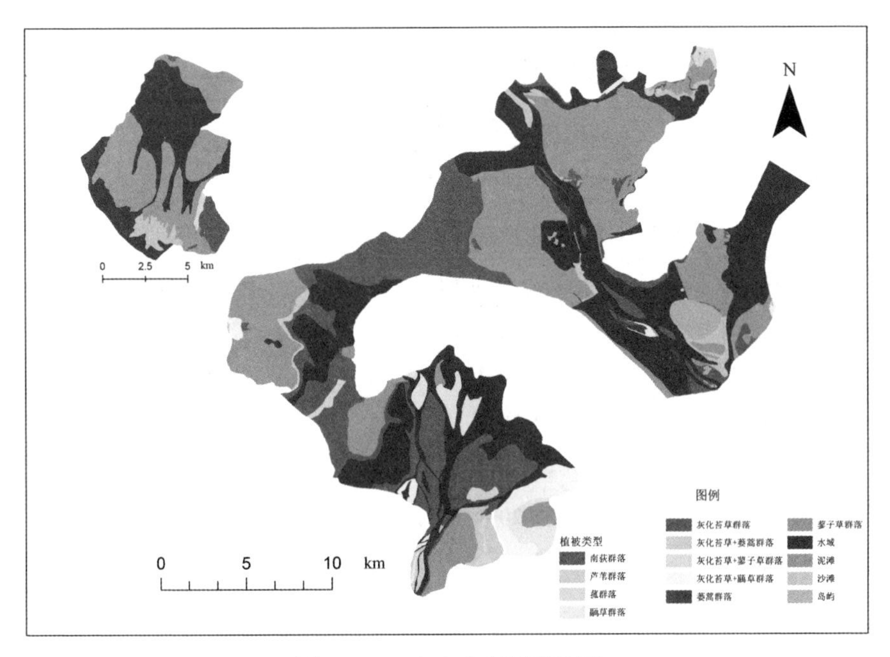

图 10–4　2020 年冬季植被图

第 11 章
湿地景观格局动态

鄱阳湖，是长江中下游主要支流之一，也是长江流域的一个过水性、吞吐型、季节性重要湖泊。其高动态的水位变化成为鄱阳湖湿地的重要特征，保护区位于鄱阳湖区范围内，也受到了鄱阳湖自然水文节律的影响，保护区内不同季节、不同水位下呈现了完全不同的景观特征。笔者对不同月份和水位条件下湿地景观进行了调查与制图，以更加全面地掌握湿地景观及候鸟栖息地生态环境变化，为保护区有效保护与湿地管理决策部门提供科学的理论基础。

11.1 遥感数据采集及预处理

根据候鸟在鄱阳湖生活的时间段，研究人员选取了 2020 年 10 月至 2021 年 3 月期间及 2021 年 9 月，以鄱阳湖星子水文站水位 16m、14m、12m、11m、9m、8m 等时间段的欧空局哨兵 2 号数据作为保护区内遥感影像图（表 11–1），由于

表 11–1 遥感影像获取时间及星子站点水位信息

遥感影像数据源	获取时间	星子水位（m）
Sentinel2	2021 年 9 月 28 日	16.5
Sentinel2	2020 年 10 月 23 日	16.4
Sentinel2	2020 年 11 月 7 日	14.2
Sentinel2	2020 年 11 月 15 日	12.3
Sentinel2	2020 年 12 月 22 日	9.1
Sentinel2	2021 年 1 月 19 日	9.1
Sentinel2	2021 年 2 月 23 日	8.1
Sentinel2	2021 年 3 月 25 日	11.4

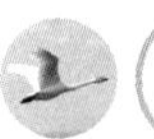

2020 年 9 月数据云量较大，故用 2021 年 9 月数据替代。遥感数据主要从欧洲航天局（简称“欧空局”）网站（https：//scihub.copernicus.eu/）上下载，并针对不同水位挑选出云量较少而符合要求的数据进行处理分析。该卫星图像空间分辨率为 10m。通过几何校正、辐射校正、镶嵌及裁剪等前期预处理工作，得到较为准确的遥感地表反射率图像。

11.2　遥感影像制图

遥感影像地图是以遥感影像和一定的地图符号来表示制图对象地理空间分布和环境状况的地图。遥感影像地图中，以遥感影像为基础，辅以线划表示，并按规定图式符号绘成地图。与普通地图相比，影像地图具有丰富的地面信息，内容层次分明，图面清晰易读，充分表现出影像与地图的双重优势。假彩色是指在影像上表现物体的颜色并不是它的自然色。多光谱影像经过彩色合成为假彩色的图像能获得较高的分辨能力，便于目视判读。

遥感影像地图具有以下主要特征。

①丰富的信息：彩色影像地图的信息量远远超过线划地图，没有信息空白区域。利用遥感影像地图可以解译出大量制图对象的信息。

②直观形象：遥感影像是制图区域地理环境与制图对象进行“自然概括”后的构像，通过正射投影纠正和几何纠正等处理后，能直观形象地反映地势的起伏、河流蜿蜒曲折的形态，比普通地图更具可读性。

③准确精密：经过投影纠正和几何纠正处理后的遥感影像，每个像素点都具有自己的坐标位置，按地图比例尺与坐标网可以进行量测。

④现实性强：遥感影像获取地面信息快，成图周期短，能够反映制图区域当前的状况，具有很强的现实性。人迹罕至地区，如沼泽地、沙漠、崇山峻岭，更显示出遥感影像地图的优越性。

本次调查报告采用标准假彩色哨兵 2 号影像配以一定的地图符号辅助制图来表征保护区湿地景观，可以直观地了解保护区内不同月份湿地景观变化情况。

11.3 景观分类方法

利用欧空局哨兵 1 号和 2 号数据（Alex et al.，2020），对保护区试验区和核心区分别进行了遥感数据分类，将保护区按照其景观分为草州、泥滩、沙地及水域区等类型。由于鄱阳湖天然过水性湖泊特性，其水位会随着季节变化发生改变，故按照该区域年内的水覆盖频率，把水域分为了全年 80% 以上淹水区域、50%～80% 淹水区域和小于 50% 淹水频率的淹水区域，可以从侧面反映保护区水域的水体的深浅分布情况。

通过谷歌地球及实地样本采集，获取该区域不同类型景观的样本点各 50 余个，基于样本数据，通过对样本进行监督学习，通过提取植被指数、水体指数及淹水频率数据，结合相关指数及光谱数据作为特征输入（Han et al.，2018），选取最优分类方法对 2020 年 9 月至 2021 年 3 月间的遥感图像进行分类，精度可达到 95% 以上，通过分类后处理及制图，最终得到保护区景观分类图。图 11-1 为景观分类提取流程图。

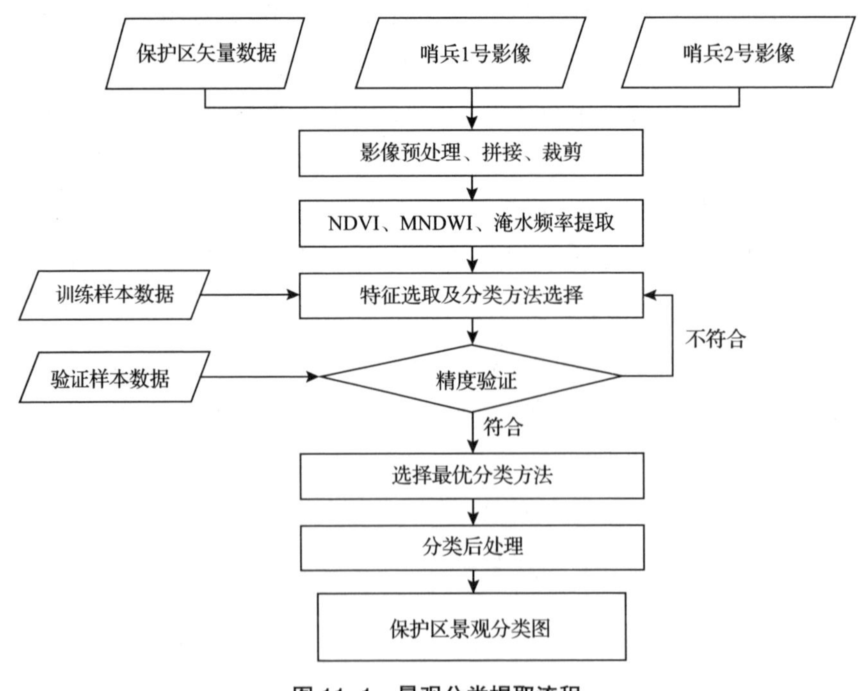

图 11-1　景观分类提取流程

11.4　研究结果

11.4.1　枯水期遥感影像假彩色影像图

遥感影像制图采用的是近红外－红光－绿光波段合成的标准假彩色图像图，由于近红外波段能够很好地表征植被的生长，所以图中红色的部分为植被区域，颜色越红，表示该区域植被长势越好。蓝色表示水体区域，根据水体的清澈程度以及水体的深浅，可分为深蓝色与浅蓝色，其中，深蓝色表示较深的清水区，而浅蓝色、天蓝色则可能是泥沙浓度较高区域或者浅水区。棕色、土黄色表示不同时期的泥滩和沙滩区域。图 11-2 至图 11-5 展示了候鸟越冬期不同时段的保护区遥感影像假彩色图片。

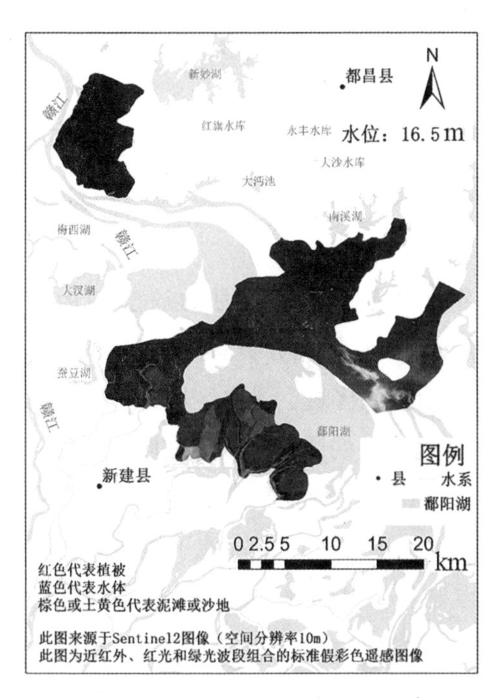

图 11-2　保护区 2021 年 2 月影像

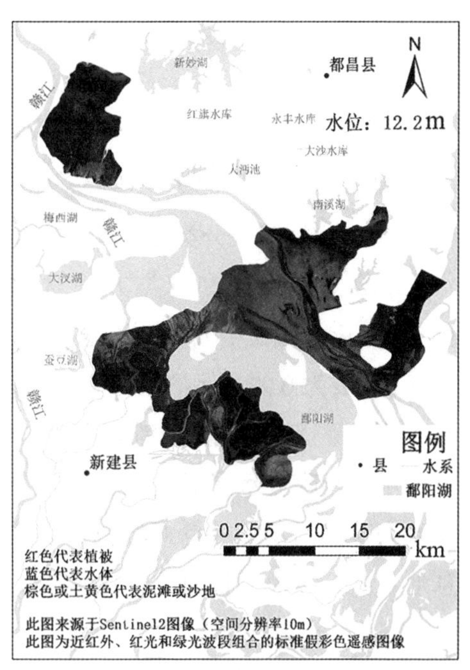

图 11-3　保护区 2021 年 9 月影像

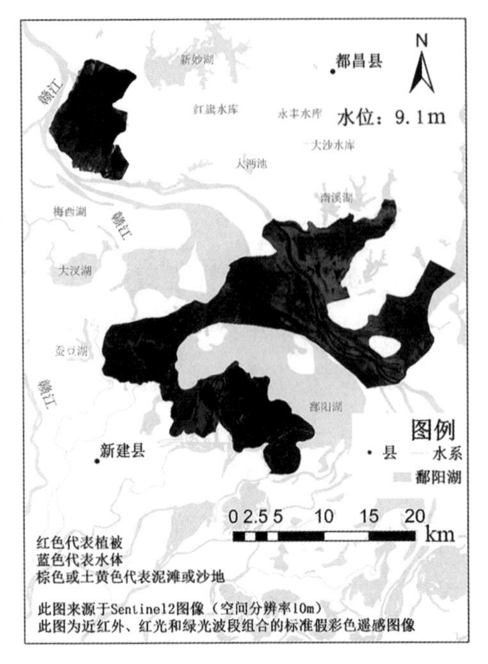

图 11-4 保护区 2021 年 11 月影像

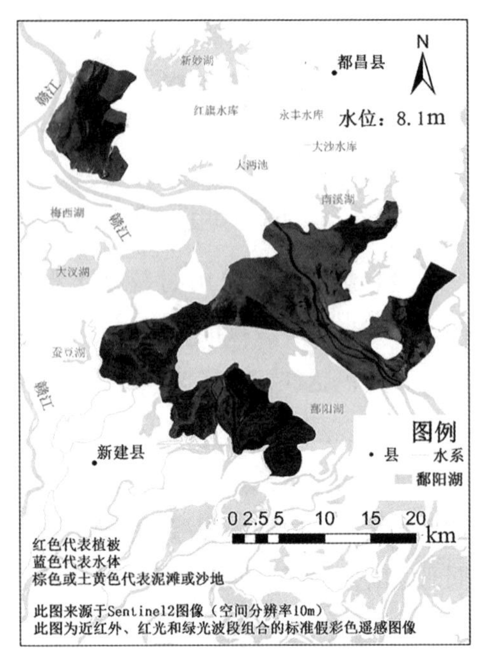

图 11-5 保护区 2021 年 12 月影像

11.4.2 景观分类及其时空变化分布

11.4.2.1 景观分类图及其空间分布

结合遥感数据和分类方法对 2020 年 9 月至 2021 年 3 月的遥感图像进行分类，得到保护区景观分类图，通过精度验证，影像分类总体精度为 94%，Kappa 系数为 0.92。保护区内湿地景观主要由深水区域、浅水区域、草洲、泥滩和沙地等景观构成，泥滩和浅水区域是候鸟主要的活动、觅食区域，主要分布在水位线附近水深不足 0.5m 的沼泽地带，还有不少雁和鸻鹬类水鸟喜欢在泥滩和草洲活动。故针对湿地景观进行分类提取，可以直观地了解候鸟的栖息地状况，并及时针对这些区域进行重点监测，保证候鸟栖息地得到有效的保护。

由于鄱阳湖常年水位变化较大，从景观分析来看，在不同时期保护区的水位差异较大，导致其景观也呈现出较大差异。在 2020 年 9 月，星子水位约 16.5m，保护区内基本全部为水面，草洲与泥滩面积极少，仅在西部和西南部有部分泥滩和草洲出露（图 11-6）。从全年淹水区域情况来看，保护区西北区域独立湖区淹水时间较长，而在都昌边上的东南湖区，大部分全年淹水时间都在 80% 以下，总体呈现西南部浅、东北部略深的状态。到了 10 月，星子水位下降至 16.4m，整体景观变化不大，主要是西南部区域泥滩出露更多（图 11–7）。

图 11–6　保护区 9 月湿地景观

图 11–7　保护区 10 月湿地景观

11 月上旬，星子水位降至 14.2m，西南区域大部分水退滩出，泥滩区域草洲开始生长。11 月中旬，星子水位迅速降至 12.3m，水面退的仅剩原来的不到 1/2，泥滩范围继续扩大，草洲迅速生长，草洲范围迅速扩张（图 11–8）。12 月，星子水位下降至 9.1m，保护区内水体几乎全部褪去，泥滩面积进一步扩大，由于冬季低温，草洲生长受到抑制，缓慢扩张（图 11–9）。

2021 年 1 月，星子水位为 9.1m，水位变化不大，气温原因，使得草洲继续缓慢扩张，整体景观相对 12 月变化不大（图 11–10）。到了 2 月，星子水位继续下降至 8.1m，湖心部分湖盆出露，呈现沙滩或裸土状态，同时由于气温相对回暖，草洲生长加快，几乎一半以上的泥滩已经被草洲覆盖（图 11–11）。到了 2021 年 3 月，水位迅速回升，星子水位回升至 11.4m，同时由于气温上升，3 月保护区内景观主要为水体和草洲，泥滩主要在湖心区域有少量覆盖。从 2020 年 9 月至 2021 年 3 月整个候鸟保护区景观来看，由于星子水位从 16m 退至

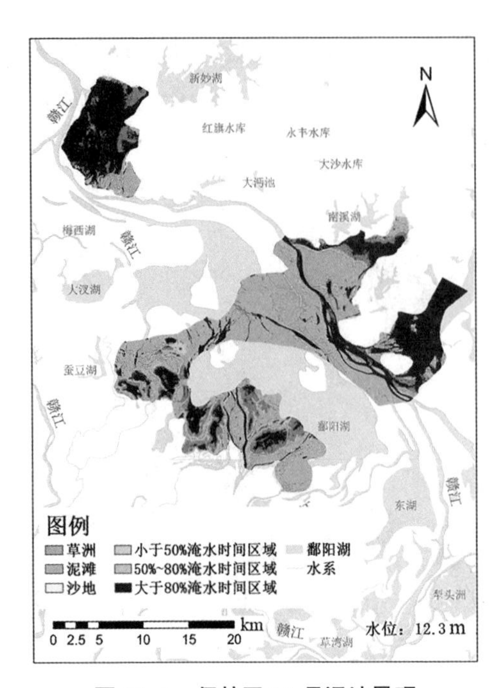

图 11-8 保护区 11 月湿地景观

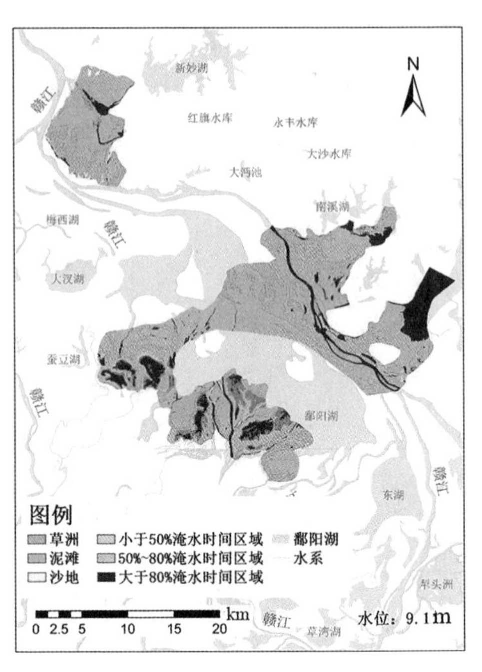

图 11-9 保护区 12 月湿地景观

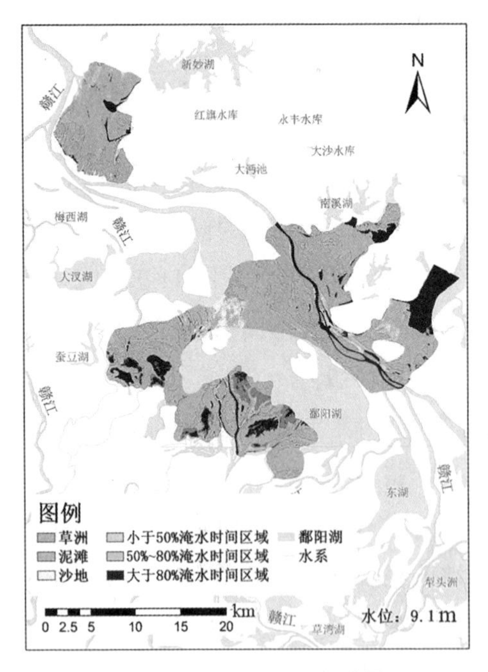

图 11-10 保护区 1 月湿地景观

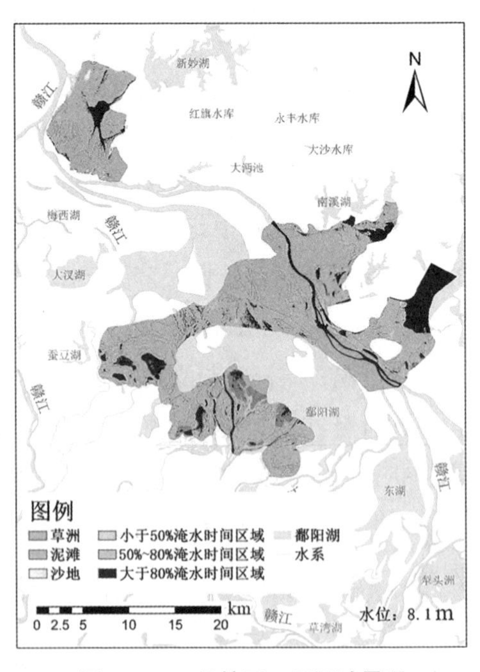

图 11-11 保护区 2 月湿地景观

8m，又回升至 11m，景观主要呈现为泥滩、草洲、水体三大景观，由于气温原因，在候鸟飞来鄱阳湖的这段时间，特别是 11 月下旬到翌年 2 月期间，保护区内适合于候鸟栖息的泥滩和浅水区域面积较大，适合候鸟生活。

11.4.2.2　湿地景观变化

表 11–2 为保护区内不同月份、不同水位条件下景观类型面积统计信息表，可以比较清楚地看出，在 9、10 月，保护区水位在 16m 以上时，保护区内基本以水面覆盖为主，草州、泥滩等景观类型仅占 6% 左右，水体面积较为广阔，其中，全年水面覆盖大于 80% 的以上的水域区域占了 43%，全年水面覆盖低于 80% 的水域占了 51% 区域；11 月上旬，水位降至 14m 附近，水走滩出，泥滩和草州面积增加，全年覆盖小于 50% 的区域减小将近 3/4，该区域大部分退水后变成了泥滩，也是候鸟较为理想的栖息地区域。11 月水退得较快，到了中旬，水位已经退至 12m 附近，此时泥滩和草洲面积进一步扩大，占了整个保护区 53% 左右的区域，水域面积进一步减少，全年大于 80% 淹水时间的区域也出现了大幅退水的情况；12 月至翌年 1 月，水位退至 9m，此时，水域范围仅剩 20% 左右，草洲面积迅速增加，浅水区域转变成泥滩，泥滩面积增至最高，接近整个保护区的 50%。而部分先出露的泥滩在一定水热条件下开始植被生长，草洲面积快速增加。2 月，水位降至最低，为 8.12m，水域面积减少至约 66km^2，到了 3 月，水位增至 11.37m，草洲由于温度升高快速生长，草洲范围

表 11–2　不同月份、不同水位条件下各景观类型面积统计信息

类型	9 月	10 月	11 月 上旬	11 月 中旬	12 月	1 月	2 月	3 月
水位（m）	16.54	16.43	14.16	12.25	9.12	9.11	8.12	11.37
草洲（km^2）	8.63	3.30	5.26	71.50	126.18	142.25	184.71	195.83
泥滩（km^2）	8.19	22.46	67.60	143.75	197.71	188.47	151.97	64.04
沙地（km^2）	0.03	0.06	0.39	0.65	3.11	13.01	3.32	0.33
小于 50% 淹水时间区域（km^2）	60.87	53.95	16.47	10.28	8.00	4.90	6.11	4.06
50%～80% 淹水时间区域（km^2）	151.02	149.13	139.49	47.22	19.79	14.00	13.35	28.95
大于 80% 淹水时间区域（km^2）	182.27	182.10	181.79	137.59	56.22	48.35	51.55	117.79

增加到整个区域的 50% 左右，同时，水域面积扩大至约 150km^2。

从图 11-12 和图 11-13 可以看出，整个保护区范围内，泥滩、草洲及各种水域范围在不同季节相互转换，最大面积不超过 200km^2。沙地范围主要为干涸的泥滩区域，范围很少，仅 12 月有少量区域。草洲面积在 9 月至次年 3 月呈现

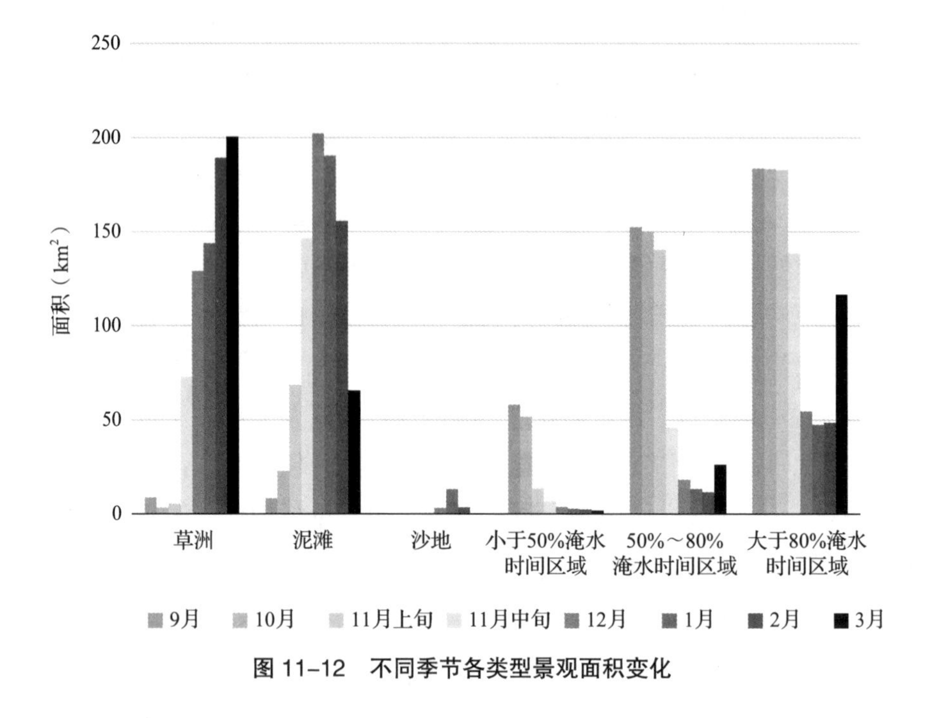

图 11-12 不同季节各类型景观面积变化

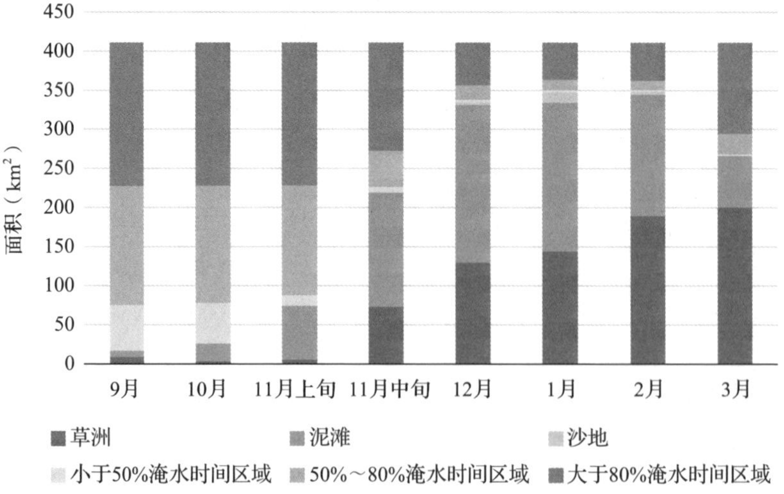

图 11-13 不同季节各类型景观面积变化

上升趋势，泥滩呈现先上升后下降趋势，在 12 月达到最大值。水域区域主要呈现先下降后上升的状态，减少得最快的是相对较浅区域（全年覆盖小于 50% 淹水时间的区域），星子水位 16m 降至 14m 的时候，较深水域（全年覆盖大于 50% 区域）变化不大，但是从 14m 降到 12m，再降到 9m 时，该区域面积呈现明显下降趋势，而当水位在 9m 及以下时，该区域面积变化相对稳定，保持下来的范围基本是保护区内全年淹水区域。

11.5　结论

保护区是候鸟重要的栖息地和越冬场所，在候鸟不同的越冬阶段，保护区内栖息地景观面积差异较大。越冬期不同阶段栖息地的面积变化与水鸟的数量变化趋势基本一致，即每年水鸟迁徙前期（10 月），可提供的栖息地面积较小，这主要是因为水位较高，适宜植食性鸟类觅食的草洲尚未出露，浅水区的面积也相对较小。在 11 月和 12 月，候鸟分布较多时，可以提供的栖息地面积较大，这主要是因为水位下降，鸟类可觅食的草洲以及富含鱼虾的泥滩洼地出现。这种特征可能是候鸟对水位和栖息地长期适应的结果。

保护区可以提供的候鸟栖息地面积受水位变化的影响明显，在水位较高和较低时，浅水和草洲的面积均呈现显著下降趋势，且栖息地对高水位的响应比低水位更敏感。水位在接近越冬季平均水位 8 ～ 11m 时，栖息地面积最大，水位进一步升高；超过 14m 时，适宜水鸟栖息和取食的面积呈现出明显下降趋势，主要表现在浅水区和草洲面积的减少。

参考文献

葛刚，陈少风，2015. 鄱阳湖湿地植物［M］. 北京：科学出版社 .
蒋祥龙，黎明政，杨少荣，等，2022. 鄱阳湖鱼类集合群落结构特征及其时间变化研究［J］. 长江流域资源与环境，31（3）：588-601.
蒋燮治，堵南山，1979. 中国动物志：节肢动物门 甲壳纲 淡水枝角类［M］. 北京：科学出版社 .
蒋志刚，2015. 中国哺乳动物多样性及地理分布［M］. 北京：科学出版社 .
蒋志刚，江建平，王跃招，等，2016. 中国脊椎动物红色名录［J］. 生物多样性，24（5）：501-551，615.
李锡文，1996. 中国种子植物区系统计分析［J］. 云南植物研究，18（4）：363-384.
林秋奇，2007. 流溪河水库后生浮游动物多样性与群落结构的时空异质性［D］. 广州：暨南大学 .
田自强，张树仁，2012. 中国湿地高等植物图志［M］. 中国环境科学出版社 .
汪松，1998. 中国濒危动物红皮书［M］. 北京：科学出版社 .
魏辅文，杨奇森，吴毅，等，2021. 中国兽类名录：2021 版［J］. 兽类学报，41（5）：15.
吴征镒，周浙昆，孙航，等，2006. 种子植物分布区类型及其起源和分化［M］. 昆明：云南科技出版社 .
阳敏，盛漂，张燕萍，等，2022. 禁捕初期鄱阳湖鱼类群落的结构特征［J］. 水生生物学报，46（10）：1569-1579.
张荣祖，2019. 中国动物地理［M］. 北京：科学出版社 .
郑光美，2023. 中国鸟类分类与分布名录［M］. 4 版 . 北京：科学出版社 .
中国野生动植物保护司，2021. 中华人民共和国野生动物保护法 // 国家重点保护野生动物名录［M］. 北京：中国法制出版社 .
SMITH A T，解焱，2009. 中国兽类野外手册［M］. 长沙：湖南教育出版社 .
ALEX J，SMITH A，JOHNSON C，2020. The impact of remote sensing on environmental monitoring［J］. International Journal of Remote Sensing，31（10）：3255-3271. https：//doi.org/10.1080/01431161.2020.1745459.
BASS J A B，PINDER L C V，LEACH D V，1997. Temporal and spatial variation in zooplankton populations in the River Great Ouse：An ephemeral food resource for larval and juvenile fish［J］. Regulated Rivers：Research & Management，13（3）：245-258.
BASU B K，PICK F R，1997. Phytoplankton and zooplankton development in a lowland，temperate river［J］. Journal of Plankton Research，19（2）：237-253.
BERNOT R J，DODDS W K，QUIST M C，et al.，2004. Spatial and temporal variability of zooplankton in a great plains reservoir［J］. Hydrobiologia，525（13）：101-112.

BETSILL R K, VAN DEN AVYLE M J, 1994. Spatial heterogeneity of reservoir zooplankton: a matter of timing? [J]. Hydrobiologia, 277 (1): 63-70.

BOHN T, AMUNDSEN P A, 1998. Effects of invading vendace (Coregonus albula L.) on species composition and body size in two zooplankton communities of the Pasvik River System, northern Norway [J]. Journal of Plankton Research, 20 (2): 243-256.

BRANCO C W, ROCHA M, PINTO G F, et al., 2002. Limnological features of Funil Reservoir (RJ, Brazil) and indicator properties of rotifers and cladocerans of the zooplankton community [J]. Lakes & Reservoirs: Research & Management, 7 (2): 87-92.

DUMONT H J, VAN DE VELDE I, DUMONT S, 1975. The dry weight estimate of biomass in a selection of Cladocera, Copepoda and Rotifera from the plankton, periphyton and benthos of continental waters [J]. Oecologia, 19 (1): 75-97.

HAN X, FENG L, HU C, et al., 2018. Wetland changes of China's largest freshwater lake and their linkage with the Three Gorges Dam [J]. Remote Sensing of Environment, 210 (1): 123-134.

MASUNDIRE H M, 1997. Spatial and temporal variations in the composition and density of crustacean plankton in the five basins of Lake Kariba, Zambia-Zimbabwe [J]. Journal of Plankton Research, 19 (1): 43-62.

NASELLI-FLORES L, BARONE R, 1997. Importance of water-level fluctuation on population dynamics of cladocerans in a hypertrophic reservoir (Lake Arancio, south-west Sicily, Italy) [J]. Hydrobiologia (360): 223-232.

REYNOLDS C S, 2006. The ecology of phytoplankton [M]. Cambridge: Cambridge University Press.

THORP J H, BLACK A R, HAAG K H, et al., 1994. Zooplankton assemblages in the Ohio River: seasonal, tributary, and navigation dam effects [J]. Canadian Journal of Fisheries and Aquatic Sciences, 51 (7): 1634-1643.

附　录

江西都昌候鸟省级自然保护区湿地生物多样性监测技术规程

1　范围

本规程规定了湿地生物多样性资源调查的技术方案。

本规程适用于都昌候鸟省级自然保护区及其他鄱阳湖区国家级和地方级湿地自然保护区的生态监测。

2　术语与定义

（1）样线法

依据地形地貌和野生动物的生态生物学特性，按照要求的抽样强度布设调查线路，沿线路行走，观察并记录线路两侧野生动物及其活动痕迹，以及距离线路中线距离的调查方法。

（2）样点法

以某一地点为中心，观察并记录周围一定半径范围内野生动物及其活动痕迹的调查方法。

（3）样方法

布设一定面积的长方形或正方形样地，观察并记录其中野生动物及其活动痕迹的调查方法。

（4）红外自动数码照相法

在调查地点，根据调查物种的生态生物学特性布设自动照相机，通过照相机自动拍摄获得野生动物种类等相关信息的调查方法。

（5）栖息地（生境）

指某种野生动物赖以生存的环境。它由一定的地理空间和其中全部生态因子构成，包括动物种群生存所需要的非生物环境和其他生物。

3 总则

3.1 监测目的

科学开展湿地生物多样性监测是各级湿地保护区管理部门的重要责任。开展湿地生物多样性监测，是摸清家底的需要；是掌握资源动态变化的基础；是保护管理决策的依据；是科学评估保护成效的基础；也是深入开展科学研究的需要。

3.2 监测任务

生物多样性监测的主要任务是查清湿地生物多样性资源现状，建立生物多样性资源档案和数据库；对生物多样性资源进行综合评价，提交系统、准确的生物多样性资源调查材料、图表材料和调查报告；建立生物多样性资源监测网络。

3.3 监测对象

监测对象主要包括湿地植物和动物资源，动物资源包括兽类、鸟类、爬行类、两栖类、鱼类和底栖动物；植物资源包括湿地景观、湿地植被和湿地植物。

在确定动物资源监测对象时，重点考虑：

——国家重点保护野生动物；

——《濒危野生动植物种国际贸易公约》及其他公约或协定中所列物种；

——《有重要生态、科学、社会价值的陆生野生动物名录》所列物种；

——环境指示种、旗舰种、伞护种及生态关键种；

——《全国野生动植物保护及自然保护区建设工程总体规划》所列物种；

——重要的病源宿主野生动物。

在确定植物资源监测对象时，重点考虑：

—— 作为雁鸭类物种食物的湿地植物；

—— 作为鹤类食物的沉水植物；

——外来入侵物种。

3.4 监测内容

生物多样性资源监测的内容包括：

——动物分布状况；

——动物栖息地现状及保护状况；

——动物种群数量及发展趋势；

——湿地景观格局及其变化趋势；

——湿地植物多样性及其空间分布格局；

——沉水植物密度、生物量和分布。

4 监测方法

4.1 兽类

4.1.1 红外自动数码照相法

对数量稀少、活动规律特殊、在野外很难见到实体的物种的调查应使用红外自动数码相机法。

照相机布设适度考虑典型性原则，在有兽类分布的林地和草洲中布设自动照相机时，相机密度不少于 1 台 /10hm^2，每台相机连续工作时长不少于 1000h。

相机应牢固固定在树干等自然物体上，确保相机不能非人为脱落，不能轻易被非工作人员取走。

相机高度宜 0.3～0.8m，镜头宜与地面平行，应避免阳光直射镜头。

相机宜选择全天拍摄模式。

相机固定后，应反复进行测试，确保相机正常工作。

相机安装完毕后，应对现场进行清理，还原当地自然环境。

安装后应在地形图上清楚标出相机安放地点。

4.1.2　样线法

在枯水期的兽类调查中可使用样线法。在调查区域随机布设样线，样线应覆盖保护区各种生境类型。样线间隔不少于 2km；样线长度以 5～10km 为宜。样线上行进的速度为 1～2km/h。发现动物实体或其痕迹时，记录动物名称、动物数量、痕迹种类及距离中线距离、地理位置等信息。

样线法也适用于江豚的监测：设定监测样线，乘船进行调查，记录观察到的江豚方位、数量、距离、行为等信息。采用直接计数法统计江豚数量；使用测距仪测量距离；使用电子罗盘仪测量方位。发现江豚后，记录单位时间内江豚出水（呼吸）的次数，观测 5min 内江豚出水的次数。

4.1.3　铗日法

该法主要用于啮齿目动物的调查。

根据保护区主要植被类型的分布及人类活动类型，将植被分为农田、居民区、草洲和岛屿，共 4 种典型生境。

在每一类生境中分别设置样地，样地数根据其典型微生境的类型数而定，2～5 个不等。每个样地内设 2 条间隔 30～50m 的样线，每条样线上各放置 50 个鼠笼，鼠笼的间隔为 5m，以花生、火腿肠等食物为诱饵，连捕 5d。

每 24h 检查一次。将捕到的个体进行照片收集、种类鉴定、体尺测量、称重，并带回实验室保存并制作标本。

记录捕获到小型哺乳动物的鼠笼与未捕获到小型哺乳动物的鼠笼所在地点的生境特征。

4.1.4　网捕法

该法主要用于翼手目动物的调查。选择居民区、农林交界区、林间空地、水塘和溪流等 4 类生境分别布设捕鸟网。每种生境选择 2 个样地，每个样地布网 4d。春末开始利用网捕法在各类生境中开展调查。捕捉到蝙蝠后测量其前臂长和体重，拍照，制作浸制标本，以备后期鉴定。

4.2　鸟类

鸟类监测分繁殖季调查和冬季调查 2 次进行，繁殖季和冬季调查都应在大多数种类的数量相对稳定的时期内开展。一般繁殖季为每年的 4—7 月，冬季为 11 月至翌年 2 月。各地应根据本地的物候特点予以确定。

监测应在晴朗、风力不大（一般在 3 级以下）的天气条件下进行。

4.2.1 样点法

雀形目鸟类调查宜使用样点法。

在调查区域内均匀设置一定数量的样点，样点的数量应有效地估计大多数鸟类的密度，调查区域内至少应布设 20 个样点。各样点之间至少间隔 200m。到达样点后，宜安静休息 5min 后，以调查人员所在地为样点中心，观察并记录四周发现的鸟类名称、数量、距离样点中心距离等信息。

每个个体只记录 1 次，能够判明是飞出又飞回的鸟不进行计数。每个样点的计数时间为 10min。

调查时间宜为清晨（日出后 0.5～3h）或傍晚（日落前 3h 至日落）。

4.2.2 样线法

对越冬期的水鸟调查监测可使用样线法。

在调查区域内根据生境类型布设样线，样线应覆盖水域、泥滩、草洲和人工湿地（鱼塘、藕塘和稻田）。

在样线上行进的速度以 1～2km/h 为宜。

记录发现鸟类的名称、数量、距离中线的距离、地理位置等信息。

调查时间宜为清晨（日出后 0.5～3h）或傍晚（日落前 3h 至日落）。

4.2.3 集群地计数法

对于集群繁殖或栖息的鸟类调查宜使用集群地计数法进行调查。通过访问调查、历史资料查询等确定鸟类集群地的位置以及集群时间，并在地图上标出。在鸟类集群时间对所有集群地进行调查，直接计数鸟类数量。

记录集群地的位置、种类及数量等信息。

4.3 爬行类

调查季节宜为出蛰后的 1～5 个月内，调查时间宜为日出后 2～4h 及日落前 2～4h。

4.3.1 样方法

在调查区域内随机布设 100m × 100m 的样方。至少 4 人同时从样方四边向样方中心行进，仔细搜索并记录发现的动物名称及数量。

4.3.2 样线法

在调查区域内陆地生境中布设样线，每条样线 3.6km，样线之间的距离不少于 200m，沿样线进行踏查，记录在样线及两侧观测到的爬行动物。

4.4 两栖类

调查季节宜为出蛰后的 1～5 个月内，调查时间为晚上（日落前 0.5h 至日落后 4h）。

4.4.1 样方法

在调查区域内确定两栖动物的典型栖息地，在栖息地随机布设 8m×8m 的样方。至少 4 人同时从样方四边向样方中心行进，仔细搜索并记录发现的动物名称及数量。样方数量不少于 50 个。

4.4.2 样线法

在调查区域内两栖类典型生境中布设样线，每条样线 3.6km，样线之间的距离不少于 200m。沿样线进行踏查，记录在样线及两侧观测到的两栖动物。

4.5 鱼类

鱼类调查可以使用市场走访和捕捞法。

对保护区周边社区进行走访，重点走访乡村和城镇菜市场，采集市场上的鱼类样本，计数鱼类个体数量，进行鉴定并测算相对丰富度。

水库（湖泊）的渔获物采集以设置定置网、刺网具为主，同时在水库（湖泊）水浅的区域、上游河流入库点利用设置定置网进行捕捞。

河流采样断面的渔获物采集以定置网具为主要方法进行采集。在现场调查采集渔获物的过程中，对有代表性采集方法的过程进行录影、拍照。

渔获物采集点涵盖保护区内的所有水库、湖泊和主要河流。

4.6 底栖动物

底栖动物调查宜使用样点法。

采样点应该沿水深梯度或湖底高程布设，确保样点具有代表性，能够充分反映调查区域各水深条件下的生境。

底栖动物定量采样可用开口面积固定的抓斗式采泥器、箱式采泥器等，蚌类等大型底栖动物采集需使用三角拖网，采集流程如下。

先将采泥器挂在挂钩上，拉紧钢丝绳，两颚瓣自动张开。然后，将采泥器慢速放至水面，缓慢下降，入水后再快速下降。开始用慢速，离底后改用快中速，接近水面时，再用慢速，将采泥器放在预先准备好的白铁盘中。先打开采泥器两颚瓣上方的活门，然后调整位置，使土壤样落入盘中。

将采到的沉积物样品移入漩涡分离器中，打开分流器的阀门进水，用激光水流通过漩涡发生器搅动样品，浮选出比重轻的生物，比重大的生物会连同余渣沉底。从出水口溢出的水体和生物流到筛子上，将截留在筛网内的动物按形态大小及软硬程度分别拣入盛水的器皿中，然后按照类别或软硬分别装瓶，并注意勿将小动物遗漏。

挑样工作中，应在标本活体状态中进行，并且在 1 ～ 2d 内完成挑样，气温较高时需要低温保存样品。

4.7 湿地植物和湿地植被

4.7.1 湿生植物群落

采用样线法与样方法相结合的调查方法。选取有代表性的地段，沿湖底高程梯度设置样线，样线应覆盖所有植物群落类型，样线长 1 ～ 5km、宽 10 ～ 20m。在每条样线上每隔 50m 设置样地，样地大小为 10m × 10m。在样地内随机设置 3 个样方，样方面积为 1m × 1m。监测样地应相对固定，要记录样线、样地和样方的位置，样线和样地应布设明确的标识。

记录样地内所有植物物种名称及各物种的密度、高度、盖度等数量特征。草本群落地上生物量采取刈割法，刈割面积为 25cm × 25cm，分种类称鲜重。地下生物量每样方挖取 10cm × 20cm 的土块 2 个，深度 30cm。分离出所有植物活根系，洗净称重，最后换算成每平方米的重量。

4.7.2 水生植物群落

根据湿地形态、水文状况和植物分布情况，在调查水域选择代表性断面设置调查样线，断面最好是平行排列，断面间的距离为 50 ～ 100m。调查样线应跨越不同的水深区域。沿线每隔 50 ～ 100m 设置调查样点。监测样点应相对固定，准确记录样点的位置，样点处应设置明显的标志物。

使用水草定量夹采集大型水生维管束植物，选用完全开口时网边长为 50cm

的水草定量夹。尼龙网长 90 cm 左右，网孔大小为 3.3cm × 3.3cm。

使用采样框测定植丛的密度、植物在样方上的分布和计算植丛的生物量。方框可选用 $1m^2$ 样方（边长 1m）和 $0.25m^2$ 样方（边长 0.5m）。

4.8 湿地景观

调查主要测量调查区域的湿地景观类型、湿地景观类型分布与面积。湿地景观类型根据监测对象实际状况，至少要有草本沼泽和水域；湿地植被类型根据遥感影像分辨率确定可判读的类型。

利用遥感影像数据判读并结合湖底高程图、野外实地调查以及现有资料，对湿地类型和植被进行解译，统计不同湿地景观类型或植被类型的面积。

5 数据管理

5.1 原始数据的检查与录入

每次监测调查结束后，监测人员应及时核对记录表格，并对记录表格进行整理、录入，存储到监测数据库中。

5.2 植物凭证标本制作

每次调查结束后，调查人员应及时核对、鉴定并制作凭证标本，编号并妥善保存。

5.3 图片资料存储

对监测过程中拍摄到的照片应及时分类整理，注明拍摄时间、地点、地理坐标、海拔及生境状况等，存储到监测数据库。

5.4 监测数据、信息的管理

建立生物多样性监测数据管理系统，对监测数据进行标准化、定量化和动态化分析评价。

5.5 监测质量控制

为保证湿地生态监测的科学性、有效性，应逐步改善必要的采样、实验条件和仪器设备，组建相对稳定的监测团队，具备样品采集的基本能力。保护区管理部门暂无条件和能力完成的监测项目，可委托具备监测能力的监测机构实施监测。

开展湿地生态监测须具备全程质量保证和质量控制的运行机制，执行监测质量控制与保证的规定和要求，对监测的全过程进行质量控制。

监测采样点一经确定，不宜随意更改，要保持监测数据的连续性和可比性。

所有在监测过程中使用的计量检测器、设备和计量器具必须在有效检定期内使用，并在规定的检定周期内进行检定，以确保检测数据的可靠。

6 监测报告的编写与发布

湿地生物多样性监测报告应包括前言、监测区域概况、监测方法、监测时间、生物种类组成、分布格局、种群动态、面临的威胁、管理对策与保护建议等。

每年5—6月发布上一年度的监测报告，发布前应经专家小组审定。

附　表

江西都昌候鸟省级自然保护区维管束植物名录

中文名	学名	花期（月）	果期（月）	木本	草本	藤本	野生	栽培	外来种
Ⅰ 蕨类植物	Pteridophyta								
一、木贼科	Equisetaceae								
（一）木贼属	*Equisetum* L.								
1. 问荆	*Equisetum arvense* L.				※		※		
2. 节节草	*Equisetum ramosissimum* Desf.				※		※		
二、里白科	Gleicheniaceae								
（二）芒萁属	*Dicranopteris* Berth.								
3. 芒萁	*Dicranopteris dichotoma* (Thunb.) Bernh.				※		※		
三、海金沙科	Lygodiaceae								
（三）海金沙属	*Lygodium* Swartz.								
4. 海金沙	*Lygodium japonicum* (Thunb.) Sw.				※		※		
四、蕨科	Pteridiaceae								
（四）蕨属	*Pteridium* Scopoii								

（续）

中文名	学名	花期（月）	果期（月）	木本	草本	藤本	野生	栽培	外来种
5. 蕨	*Pteridium aquilinum* var. *latiusculumt* (Desv.) Underw. ex Heller				※		※		
五、凤尾蕨科	Pteridaceae								
（五）凤尾蕨属	*Pteris* L.								
6. 井栏边草	*Pteris multifida* Poir.				※		※		
六、乌毛蕨科	Blechnaceae								
（六）狗脊属	*Woodwardia* Sm.								
7. 狗脊	*Woodwardia japonica* (L.F.) Sm.				※		※		
七、苹科	Marsileaceae								
（七）苹属	*Marsilea* L.								
8. 苹	*Marsilea quadrifolia* L. Sp.				※		※		
八、槐叶苹科	Salviniaceae								
（八）槐叶苹属	*Salvinia* Adans								
9. 槐叶苹	*Salvinia natans* (L.) All.				※		※		
九、满江红科	Azollaceae								
（九）满江红属	*Azolla* Lam.								
10. 满江红	*Azolla imbricata* (Roxb.) Nakai				※		※		
Ⅱ 裸子植物	Gymnospermae								
十、银杏科	Ginkgoaceae								
（十）银杏属	*Ginkgo* L.								

（续）

中文名	学名	花期（月）	果期（月）	木本	草本	藤本	野生	栽培	外来种
11. 银杏	*Ginkgo biloba* L.	3—4	9—10	※				※	
十一、松科	Pinaceae								
（十一）松属	*Pinus* L.								
12. 湿地松	*Pinus elliottii* Engelm	3—4	翌年 10—11	※				※	
13. 马尾松	*Pinus massoniana* Lamb.	4—5	翌年 10—12	※			※		
十二、柏科	Cupressaceae								
（十二）柳杉属	*Cryptomeria* D. Don								
14. 柳杉	*Cryptomeria fortunei* Hooibrenk ex Otto et Dietr.	4	10	※				※	
（十三）杉木属	*Cunninghamias* R. Br.								
15. 杉木	*Cunninghamia lanceolata* (Lamb.) Hook.	1—4	8—11	※				※	
（十四）刺柏属	*Juniperus* L.								
16. 圆柏	*Juniperus chinensis* L.	2	翌年 11	※				※	
（十五）水杉属	*Metasequoia* Hu & W. C. Cheng								
17. 水杉	*Metasequoia glyptostroboides* Hu et Cheng	2	11	※				※	
（十六）侧柏属	*Platycladus* Spach								
18. 侧柏	*Platycladus orientalis* (L.) Franco	3—4	10	※				※	
（十七）落羽杉属	*Taxudium* Rich.								
19. 池杉	*Taxudium distichum* var. *imbricarium* (Nuttall) Croom	3—4	10	※				※	

（续）

中文名	学名	花期（月）	果期（月）	木本	草本	藤本	野生	栽培	外来种
十三、罗汉松科	Podocarpaceae								
（十八）罗汉松属	*Podocarpus* L'Hér. ex Pers.								
20. 罗汉松	*Podocarpus macrophyllus* (Thunb.) D. Don	4—5	8—9	※			※		
21. 百日青	*Podocarpus neriifolius* D. Don	5	10—11					※	
Ⅲ 被子植物门	Angiospermae								
双子叶植物	Dicotyledoneae								
十四、杨柳科	Salicaceae								
（十九）杨属	*Populus* L.								
22. 加拿大杨	*Populus* × *canadensis* Moench	4	5—6	※				※	
（二十）柳属	*Salix* L.								
23. 垂柳	*Salix babylonica* L.	3—4	4—5	※			※		
24. 旱柳	*Salix matsudana* Koidz.	4	4—5	※				※	
十五、胡桃科	Juglandaceae								
（二十一）枫杨属	*Pterocarya* Kunth								
25. 枫杨	*Pterocarya stenoptera* C. DC.	4—5	8—9	※			※		
十六、壳斗科	Fagaceae								
（二十二）栗属	*Castanea* Mill.								
26. 栗	*Castanea mollissima* Bl.	4—5	8—10	※			※		
（二十三）锥属	*Castanopsis* Spach								

（续）

中文名	学名	花期（月）	果期（月）	木本	草本	藤本	野生	栽培	外来种
27. 苦槠	*Castanopsis sclerophylla* (Lindl. et Paxton) Schottky	4—5	10—11	※			※		
（二十四）栎属	*Quercus* L.								
28. 小叶栎	*Quercus chenii* Nakai	3—4	翌年 9—10	※			※		
29. 白栎	*Quercus fabri* Hance	4	10	※			※		
十七、榆科	Ulmaceae								
（二十五）朴属	*Celtis* L.								
30. 朴树	*Celtis sinensis* Pers.	3—4	9—10	※			※		
（二十六）山黄麻属	*Trema* Lour.								
31. 山油麻	*Trema cannabina* var. *dielsiana* (Hand.-Mazz.) C. J. Chen	3—6	9—10	※			※		
（二十七）榆属	*Ulmus* L.								
32. 榔榆	*Ulmus parvifolia* Jacq.	8—10	8—10	※			※		
十八、桑科	Moraceae								
（二十八）构属	*Broussonetia* L'Herit. ex Vent.								
33. 构树	*Broussonetia papyrifera* (L.) L'Her. ex Vent.	4—5	6—7	※			※		
（二十九）榕属	*Ficus* L.								
34. 薜荔	*Ficus pumila* L.	5—8	5—8			※	※		
（三十）葎草属	*Humulus* L.								

（续）

中文名	学名	花期（月）	果期（月）	木本	草本	藤本	野生	栽培	外来种
35. 葎草	*Humulus scandens* (Lour.) Merr.	2—7	8—10		※		※		
（三十一）桑属	*Morus* L.								
36. 桑	*Morus alba* L.	4—5	5—8	※				※	
十九、荨麻科	Urticaceae								
（三十二）苎麻属	*Boehmeria* Jacq.								
37. 苎麻	*Boehmeria nivea* (L.) Gaud.	8—10	9—11		※		※		
二十、马兜铃科	Aristolochiaceae								
（三十三）马兜铃属	*Aristolochia* L.								
38. 马兜铃	*Aristolochia debilis* Sieb. et Zucc.	7—8	9—10			※	※		
二十一、蓼科	Polygonaceae								
（三十四）荞麦属	*Fagopyrum* Mill.								
39. 荞麦	*Fagopyrum esculentum* Moench	5—9	6—10		※			※	
（三十五）蓼属	*Persicaria* (L.) Mill.								
40. 蓼子草	*Persicaria criopolitana* (Hance) Migo	7—11	9—12		※		※		
41. 水蓼	*Persicaria hydropiper* (L.) Spach	5—9	6—10		※		※		
42. 蚕茧草	*Persicaria japonica* (Meisn.) H. Gross ex Nakai	8—10	9—11		※		※		
43. 愉悦蓼	*Persicaria jucunda* (Meisn.) Migo.	8—9	9—11		※		※		
44. 酸模叶蓼	*Persicaria lapathifolia* (L.) S. F. Gray	6—8	7—9		※		※		
45. 长鬃蓼	*Persicaria longiseta* (Bruijn) Moldenke	6—8	7—9		※		※		

（续）

中文名	学名	花期（月）	果期（月）	木本	草本	藤本	野生	栽培	外来种
46. 红蓼	*Persicaria orientalis* (L.) Spach	6—9	8—10		※		※		
47. 扛板归	*Persicaria perfoliata* (L.) H. Gross	6—8	7—10		※		※		
48. 丛枝蓼	*Persicaria posumbu* (Buch.-Ham. ex D. Don) H. Gross	6—9	7—10		※		※		
49. 箭头蓼	*Persicaria sagittata* (L.) H. Gross ex Nakai	6—9	8—10		※		※		
50. 刺蓼	*Persicaria senticosa* (Meisn.) H. Gross ex Nakai	6—7	7—9		※		※		
（三十六）何首乌属	*Pleuropterus* Turcz.								
51. 何首乌	*Pleuropterus multiflorus* (Thunb.) Nakai	8—9	9—10			※	※		
（三十七）萹蓄属	*Polygonum* L.								
52. 萹蓄	*Polygonum aviculare* L.	5—7	6—8		※		※		
53. 毛蓼	*Polygonum barbata* (L.) H. Hara	8—9	9—10		※		※		
54. 习见萹蓄	*Polygonum plebeium* R. Br.	5—8	6—9		※		※		
55. 疏蓼	*Polygonum praetermissum* Hook. f.	6—8	7—9		※		※		
（三十八）虎杖属	*Reynoutria* Houtt.								
56. 虎杖	*Reynoutria japonica* Houtt.	8—9	9—10		※		※		
（三十九）酸模属	*Rumex* L.								
57. 酸模	*Rumex acetosa* L.	5—7	6—8		※		※		
58. 皱叶酸模	*Rumex crispus* L.	5—6	6—7		※		※		
59. 齿果酸模	*Rumex dentatus* L.	5—6	6—7		※		※		
60. 羊蹄	*Rumex japonicus* Houtt.	5—6	6—7		※		※		

（续）

中文名	学名	花期（月）	果期（月）	木本	草本	藤本	野生	栽培	外来种
61. 长刺酸模	*Rumex trisetifer* Stokes	5—6	6—7		※		※		
二十二、苋科	Amaranthaceae								
（四十）牛膝属	*Achyranthes* L.								
62. 土牛膝	*Achyranthes aspera* L.	6—8	10		※		※		
63. 牛膝	*Achyranthes bidentata* Bl.	7—9	9—10		※		※		
64. 柳叶牛膝	*Achyranthes longifolia* (Makino) Makino	9—10	10—11		※		※		
（四十一）莲子草属	*Alternanthera* Forsk.								
65. 喜旱莲子草	*Alternanthera philoxeroides* (Mart.) Griseb.	5—7	8—10		※				※
66. 莲子草	*Alternanthera sessilis* (L.) R. Br. ex DC.	5—7	7—9		※		※		
（四十二）苋属	*Amaranthus* L.								
67. 刺苋	*Amaranthus spinosus* L.	6—8	7—11		※				※
68. 苋	*Amaranthus tricolor* L.	5—8	7—9		※			※	
（四十三）青葙属	*Celosia* L.								
69. 青葙	*Celosia argentea* L.	5—8	6—10		※		※		
70. 鸡冠花	*Celosia cristata* L.	7—9	7—9		※			※	
（四十四）藜属	*Chenopodium* L.								
71. 藜	*Chenopodium album* L.	5—10	5—10		※		※		
（四十五）腺毛藜属	*Dysphania* R. Br.								
72. 土荆芥	*Dysphania ambrosioides* (L.) Mosyakin et Clemants	8—9	9—10		※				※

（续）

中文名	学名	花期（月）	果期（月）	木本	草本	藤本	野生	栽培	外来种
（四十六）地肤属	*Kochia* Roth								
73. 扫帚菜	*Kochia scoparia* f. *trichophylla* (Hort.) Schinz. et Thell.	6—9	9—10		※			※	
二十三、番杏科	Aizoaceae								
（四十七）粟米草属	*Trigastrotheca* F. Muell.								
74. 粟米草	*Trigastrotheca stricta* (L.) Thulin	6—8	8—10		※		※		
二十四、商陆科	Phytolaccaceae								
（四十八）商陆属	*Phytolacca* L.								
75. 商陆	*Phytolacca acinosa* Roxb.	5—8	6—10		※		※		
76. 垂序商陆	*Phytolacca americana* L.	6—8	8—10		※				※
二十五、马齿苋科	Portulacaceae								
（四十九）马齿苋属	*Portulaca* L.								
77. 马齿苋	*Portulaca oleracea* L.	5—8	6—9		※		※		
二十六、石竹科	Caryophyllaceae								
（五十）蚤缀属	*Arenaria* L.								
78. 无心菜	*Arenaria serpyllifolia* L.	4—6	5—7		※		※		
（五十一）卷耳属	*Cerastium* L.								
79. 簇生泉卷耳	*Cerastium fontanum* subsp. *Vulgare* (Hartman) Greuter et Burdet.	5—6	6—7		※		※		
（五十二）石竹属	*Dianthus* L.								

（续）

中文名	学名	花期（月）	果期（月）	木本	草本	藤本	野生	栽培	外来种
80. 瞿麦	*Dianthus superbus* L.	6—9	8—10		※		※		
（五十三）漆姑草属	*Sagina* L.								
81. 漆姑草	*Sagina japonica* (Sw.) Ohwi	3—5	5—6		※		※		
（五十四）蝇子草属	*Silene* L.								
82. 女娄菜	*Silene aprica* Turcx. ex Fisch. et Mey.	5—7	6—8		※		※		
83. 剪红纱花	*Silene bungeana* (D. Don) H. Ohashi et H. Nakai	7—8	8—9		※		※		
（五十五）繁缕属	*Stellaria* L.								
84. 雀舌草	*Stellaria alsine* Grimm.	5—6	7—8		※		※		
85. 鹅肠菜	*Stellaria aquatica* (L.) Scop.	5—8	6—9		※		※		
86. 繁缕	*Stellaria media* (L.) Cyr.	6—7	7—8		※		※		
二十七、睡莲科	Nymphaeaceae								
（五十六）芡实属	*Euryale* Salisb.								
87. 芡实	*Euryale ferox* Salisb. ex Konig et Sims	7—8	8—9		※		※		
（五十七）莲属	*Nelumbo* Adans								
88. 莲	*Nelumbo nucifera* Gaertn.	6—8	8—10		※		※		
二十八、金鱼藻科	Ceratophyllaceae								
（五十八）金鱼藻属	*Ceratophyllum* L.								
89. 金鱼藻	*Ceratophyllum demersum* L.	6—7	8—10		※		※		

（续）

中文名	学名	花期（月）	果期（月）	木本	草本	藤本	野生	栽培	外来种
二十九、毛茛科	Ranunculaceae								
（五十九）铁线莲属	*Clematis* L.								
90. 铁线莲	*Clematis florida* Thunb.	1—2	3—4			※	※		
（六十）翠雀属	*Delphinium* L.								
91. 还亮草	*Delphinium anthriscifolium* Hance	3—5	8—9		※		※		
（六十一）毛茛属	*Ranunculus* L.								
92. 茴茴蒜	*Ranunculus chinensis* Bunge	4—9	4—9		※		※		
93. 毛茛	*Ranunculus japonicus* Thunb.	4—9	4—9		※		※		
94. 肉根毛茛	*Ranunculus polii* Franch. ex Hemsl.	4—6	4—6		※		※		
95. 石龙芮	*Ranunculus sceleratus* L	5—8	5—8		※		※		
96. 扬子毛茛	*Ranunculus sieboldii* Miq.	5—10	5—10		※		※		
97. 猫爪草	*Ranunculus ternatus* Thunb.	3	4—7		※		※		
（六十二）天葵属	*Semiaquilegia* Makino								
98. 天葵	*Semiaquilegia adoxoides* (DC.) Makino	3—4	4—5		※		※		
（六十三）唐松草属	*Thalictrum* L.								
99. 华东唐松草	*Thalictrum fortunei* S. Moore	3—5	7—8		※		※		
三十、小檗科	Berberidaceae								
（六十四）十大功劳属	*Mahonia* Nutt.								
100. 十大功劳	*Mahonia fortunei* (Lindl.) Fedde	7—9	9—11	※			※		

（续）

中文名	学名	花期（月）	果期（月）	木本	草本	藤本	野生	栽培	外来种
（六十五）南天竹属	*Nandina* Makino								
101. 南天竹	*Nandina domestica* Thunb.	3—6	5—11	※			※		
三十一、防己科	Menispermaceae								
（六十六）木防己属	*Cocculus* DC.								
102. 木防己	*Cocculus orbiculatus* (L.) DC.	5—6	8—9			※	※		
（六十七）千金藤属	*Stephania* Lour.								
103. 千金藤	*Stephania japonica* (Thunb.) Miers	6—7	8—9			※	※		
104. 粉防己	*Stephania tetrandra* S. Moore	6—7	8—10			※	※		
三十二、木兰科	Magnoliaceae								
（六十八）木兰属	*Magnolia* L.								
105. 荷花玉兰	*Magnolia grandiflora* L.	5—6	9—10	※				※	
（六十九）含笑属	*Michelia* L.								
106. 含笑花	*Michelia figo* (Lour.) Spreng.	3—5	7—8	※				※	
三十三、樟科	Lauraceae								
（七十）樟属	*Cinnamomum* Trew								
107. 樟	*Cinnamomum camphora* (L.) Presl	4—5	8—11	※			※		
（七十一）山胡椒属	*Lindera* Thunb.								
108. 山胡椒	*Lindera glauca* (Sieb. et Zucc.) Bl.	3—4	7—8	※			※		
（七十二）木姜子属	*Litsea* Lam.								

（续）

中文名	学名	花期（月）	果期（月）	木本	草本	藤本	野生	栽培	外来种
109. 山苍子	*Litsea cubeba* (Lour.) Pers.	2—3	7—8	※			※		
三十四、罂粟科	Papaveraceae								
（七十三）紫堇属	*Corydalis* DC.								
110. 紫堇	*Corydalis edulis* Maxim.	3—4	4—5		※		※		
111. 刻叶紫堇	*Corydalis incisa* (Thunb.) Pers.	3—4	4—5		※		※		
112. 小花黄堇	*Corydalis racemosa* (Thunb.) Pers.	3—4	4—5		※		※		
三十五、十字花科	Brassicaceae								
（七十四）芸薹属	*Brassica* L.								
113. 白菜	*Brassica pekinensis* (Lour.) Rupr.	5	6		※			※	
114. 蔓菁	*Brassica rapa* L.	3—4	5		※			※	
（七十五）荠菜属	*Capsella* Medic.								
115. 荠	*Capsella bursa-pastoris* (L.) Medic.	4—6	4—6		※		※		
（七十六）碎米荠属	*Cardamine* L.								
116. 碎米荠	*Cardamine hirsuta* L.	2—4	4—6		※		※		
117. 弹裂碎米荠	*Cardamine impatiens* L.	4—6	5—7		※		※		
118. 水田碎米荠	*Cardamine lyrata* Bunge	4—6	5—7		※		※		
（七十七）独行菜属	*Lepidium* L.								
119. 臭独行菜	*Lepidium didymum* L.	3	4—5		※		※		
120. 北美独行菜	*Lepidium virginicum* L.	4—6	5—9		※				※

（续）

中文名	学名	花期（月）	果期（月）	木本	草本	藤本	野生	栽培	外来种
（七十八）蔊菜属	*Rorippa* Scop.								
121. 广州蔊菜	*Rorippa cantoniensis* (Lour.) Ohwi	3—4	4—6		※		※		
122. 风花菜	*Rorippa globosa* (Turcz.) Hayek	4—6	7—9		※		※		
123. 蔊菜	*Rorippa indica* (L.) Hiern	4—6	6—8		※		※		
三十六、景天科	Crassulaceae								
（七十九）费菜属	*Phedimus* Raf.								
124. 费菜	*Phedimus aizoon* (L.)'t Hart	6—7	8—9		※		※		
（八十）景天属	*Sedum* L.								
125. 珠芽景天	*Sedum bulbiferum* Makino	4—5	5—10		※		※		
126. 景天	*Sedum erythrocticum* Miq.	8—10	9—11		※			※	
127. 垂盆草	*Sedum sarmentosum* Bunge	5—7	8		※		※		
三十七、海桐花科	Pittosporaceae								
（八十一）海桐花属	*Pittosporum* Banks ex Soland								
128. 海桐	*Pittosporum tobira* (Thunb.) Ait.	3—5	5—10	※				※	
三十八、金缕梅科	Hamamelidaceae								
（八十二）枫香属	*Liquidambar* L.								
129. 枫香树	*Liquidambar formosana* Hance	3—6	7—9	※			※		
（八十三）檵木属	*Loropetalum* R. Br.								
130. 檵木	*Loropetalum chinense* (R. Br.) Oliver	3—4	5—7	※			※		

（续）

中文名	学名	花期（月）	果期（月）	木本	草本	藤本	野生	栽培	外来种
三十九、悬铃木科	Platanaceae								
（八十四）悬铃木属	*Platanus* L.								
131. 一球悬铃木	*Platanus occidentalis* L.	3—5	6—10	※				※	
四十、蔷薇科	Rosaceae								
（八十五）龙牙草属	*Agrimonia* L.								
132. 龙芽草	*Agrimonia pilosa* Ledeb.	5—12	5—12		※		※		
（八十六）桃属	*Amygdalus* L.								
133. 桃	*Amygdalus persica* L.	3—4	8—9	※			※		
（八十七）山楂属	*Crataegus* L.								
134. 野山楂	*Crataegus cuneata* Sieb. et Zucc.	5—6	7—11	※			※		
（八十八）蛇莓属	*Duchesnea* Smith								
135. 蛇莓	*Duchesnea indica* (Andr.) Focke	6—8	8—10		※		※		
（八十九）枇杷属	*Eriobotrya* Lindl.								
136. 枇杷	*Eriobotrya japonica* (Thunb.) Lindl.	10—12	翌年 5—6	※				※	
（九十）委陵菜属	*Potentilla* L.								
137. 翻白草	*Potentilla discolor* Bge.	5—9	5—9		※		※		
138. 中华三叶委陵菜	*Potentilla freyniana* var. *sinica* Ago	4—5	4—5		※		※		
139. 蛇含委陵菜	*Potentilla kleiniana* Wight et Arn.	4—9	4—9		※		※		
140. 下江委陵菜	*Potentilla limprichtii* J. Krause	10	10		※		※		

（续）

中文名	学名	花期（月）	果期（月）	木本	草本	藤本	野生	栽培	外来种
141. 菊叶委陵菜	*Potentilla tanacetifolia* Willd. ex Schlecht.	5—10	5—10		※		※		
（九十一）梨属	*Pyrus* L.								
142. 杜梨	*Pyrus betulaefolia* Bge.	4	8—9	※			※		
143. 豆梨	*Pyrus calleryana* Dcne.	4	8—9	※			※		
（九十二）蔷薇属	*Rosa* L.								
144. 小果蔷薇	*Rosa cymosa* Tratt.	5—6	7—11	※			※		
145. 金樱子	*Rosa laevigata* Michx.	4—6	7—11	※			※		
146. 粉团蔷薇	*Rosa multiflora* var. *cathayensis* Rehd. et Wils.	3—5	7—11	※			※		
（九十三）悬钩子属	*Rubus* L.								
147. 山莓	*Rubus corchorifolius* L. f.	2—4	4—6	※			※		
148. 插田泡	*Rubus coreanus* Miq.	4—6	6—8	※			※		
149. 茅莓	*Rubus parvifolius* L.	5—6	7—8	※			※		
（九十四）地榆属	*Sanguisorba* L.								
150. 长叶地榆	*Sanguisorba officinalis* var. *longifolia* (Bertol.) Yu et Li	8—11	8—11	※			※		
四十一、豆科	Fabaceae								
（九十五）合萌属	*Aeschynomene* L.								
151. 合萌	*Aeschynomene indica* L.	7—8	8—10		※		※		
（九十六）合欢属	*Albizia* Durazz.								
152. 山槐	*Albizia kalkora* (Roxb.) Prain	5—6	8—10	※			※		

（续）

中文名	学名	花期（月）	果期（月）	木本	草本	藤本	野生	栽培	外来种
（九十七）紫穗槐属	*Amorpha* L.								
153. 紫穗槐	*Amorpha fruticosa* L.	5—10	5—10	※				※	
（九十八）落花生属	*Arachis* L.								
154. 落花生	*Arachis hypogaea* L.	6—8	6—8		※			※	
（九十九）紫云英属	*Astragalus* L.								
155. 紫云英	*Astragalus sinicus* L.	2—6	3—7		※		※		
（一〇〇）紫荆属	*Cercis* L.								
156. 紫荆	*Cercis chinensis* Bunge	3—4	8—10	※			※		
（一〇一）山扁豆属	*Chamaecrista* Moench								
157. 大叶山扁豆	*Chamaecrista leschenaultiana* (Candolle) O. Degener	6—8	9—11		※		※		
（一〇二）猪屎豆属	*Crotalaria* L.								
158. 猪屎豆	*Crotalaria pallida* Ait.	6—8	9—11		※		※		
（一〇三）黄檀属	*Dalbergia* L. f.								
159. 黄檀	*Dalbergia hupeana* Hance	5—7	9	※			※		
（一〇四）鸡眼草属	*Kummerowia* Schindl.								
160. 鸡眼草	*Kummerowia striata* (Thunb.) Schindl.	7—9	8—10		※		※		
（一〇五）胡枝子属	*Lespedeza* Michx.								
161. 绿叶胡枝子	*Lespedeza buergeri* Miq.	6—7	8—9	※			※		

（续）

中文名	学名	花期（月）	果期（月）	木本	草本	藤本	野生	栽培	外来种
162. 截叶铁扫帚	*Lespedeza cuneata* (Dum.-Cours.) G. Don	7—8	9—10	※			※		
163. 尖叶铁扫帚	*Lespedeza juncea* (L. f.) Pers.	7—9	9—10	※				※	
（一〇六）苜蓿属	*Medicago* L.								
164. 南苜蓿	*Medicago polymorpha* L.	3—5	5—6		※		※		
（一〇七）葛藤属	*Pueraria* DC.								
165. 葛	*Pueraria montana* (Loureiro) Merrill.	9—10	11—12			※	※		
（一〇八）鹿藿属	*Rhynchosia*								
166. 鹿藿	*Rhynchosia volubilis* Lour.	5—8	9—12			※	※		
（一〇九）槐属	*Robinia* L.								
167. 刺槐	*Robinia pseudoacacia* L.	4—6	8—9	※				※	
（一一〇）决明属	*Senna* Mill.								
168. 望江南	*Senna occidentalis* (L.) Link	4—8	6—10	※			※		
（一一一）蚕豆属	*Vicia* L.								
169. 救荒野豌豆	*Vicia sativa* L.	4—7	7—9		※		※		
170. 四籽野豌豆	*Vicia tetrasperma* (L.) Schreb.	3—6	6—8		※		※		
（一一二）紫藤属	*Wisteria* Nutt.								
171. 紫藤	*Wisteria sinensis* (Sims) Sweet	4—5	5—8			※	※		
（一一三）丁癸草属	*Zornia* Adans.								
172. 丁癸草	*Zornia gibbosa* Spanog.	4—7	7—9		※		※		

（续）

中文名	学名	花期（月）	果期（月）	木本	草本	藤本	野生	栽培	外来种
四十二、酢浆草科	Oxalidaceae								
（一一四）酢浆草属	*Oxalis* L.								
173. 酢浆草	*Oxalis corniculata* L.	2—9	2—9		※		※		
四十三、牻牛儿苗科	Geraniaceae								
（一一五）老鹳草属	*Geranium* L.								
174. 野老鹳草	*Geranium carolinianum* L.	4—7	5—9		※				※
四十四、芸香科	Rutaceae								
（一一六）柑橘属	*Citrus* L.								
175. 来檬	*Citrus aurantifolia* (Christmann) Swingle	4—5	9—12	※				※	
176. 柚	*Citrus maxima* (Burm.) Merr.	5—6	10—11	※			※		
177. 枳	*Citrus trifoliata* L.	5—6	10—11	※			※		
（一一七）花椒属	*Zanthoxylum* L.								
178. 野花椒	*Zanthoxylum simulans* Hance	3—5	7—9	※			※		
四十五、楝科	Meliaceae								
（一一八）楝属	*Melia* L.								
179. 楝	*Melia azedarach* L.	4—5	10—12	※			※		
（一一九）香椿属	*Toona* Roem.								
180. 香椿	*Toona sinensis* (A. Juss.) Roem.	6—8	10—12	※			※		
四十六、远志科	Polygalaceae								
（一二〇）远志属	*Polygala* L.								

（续）

中文名	学名	花期（月）	果期（月）	木本	草本	藤本	野生	栽培	外来种
181. 瓜子金	*Polygala japonica* Houtt.	4—5	5—8		※		※		
四十七、大戟科	Euphorbiaceae								
（一二一）铁苋菜属	*Acalypha* L.								
182. 铁苋菜	*Acalypha australis* L.	4—12	4—12		※		※		
（一二二）大戟属	*Euphorbia* L.								
183. 乳浆大戟	*Euphorbia esala* L.	4—10	4—10		※		※		
184. 地锦草	*Euphorbia humifusa* Willd.	5—10	5—10		※		※		
185. 大戟	*Euphorbia pekinensis* Rupr.	5—8	6—9		※		※		
（一二三）算盘子属	*Glochidion* J. R. et G. Forst.								
186. 算盘子	*Glochidion puberum* (L.) Hutch.	4—8	7—11	※			※		
（一二四）野桐属	*Mallotus* Lour.								
187. 白背叶	*Mallotus apelta* (Lour.) Muell. Arg.	6—9	8—11	※			※		
（一二五）叶下珠属	*Phyllanthus* L.								
188. 青灰叶下珠	*Phyllanthus glaucus* Wall. ex Muell. Arg.	4—7	7—10	※			※		
189. 叶下珠	*Phyllanthus urinaria* L.	4—6	7—11		※		※		
（一二六）乌桕属	*Sapium* P. Br.								
190. 乌桕	*Sapium sebiferum* (L.) Roxb.	4—8	8—12	※			※		
（一二七）油桐属	*Vernicia* Lour.								
191. 油桐	*Vernicia fordii* (Hemsl.) Airy-Shaw	3—4	8—9	※			※		

（续）

中文名	学名	花期（月）	果期（月）	木本	草本	藤本	野生	栽培	外来种
四十八、水马齿科	Callitrichaceae								
（一二八）水马齿属	*Callitriche* L.								
192. 沼生水马齿	*Callitriche palustris* var. *palustris* L.	4—10	4—10		※		※		
四十九、黄杨科	Buxaceae								
（一二九）黄杨属	*Buxus* L.								
193. 雀舌黄杨	*Buxus bodinieri* Levl.	2	5—8	※			※		
194. 黄杨	*Buxus sinica* (Rehd. et Wils.) Cheng	3	5—6	※			※		
五十、漆树科	Anacardiaceae								
（一三〇）黄连木属	*Pistacia* L.								
195. 黄连木	*Pistacia chinensis* Bunge	3—5	8—11	※			※		
（一三一）盐肤木属	*Rhus* L.								
196. 盐肤木	*Rhus chinensis* Mill.	8—9	10	※			※		
（一三二）漆树属	*Toxicodendron* (Tourn.) Mill.								
197. 漆	*Toxicodendron vernicifluum* (Stokes) F. A. Barkl.	5—6	7—10	※			※		
五十一、冬青科	Aquifoliaceae								
（一三三）冬青属	*Ilex* L.								
198. 秤星树	*Ilex asprella* (Hook. et Arn.) Champ. ex Benth.	3	4—10	※			※		
199. 冬青	*Ilex chinensis* Sims	4—6	7—12	※			※		
200. 枸骨	*Ilex cornuta* Lindl. ex Paxt.	4—5	10—12	※			※		

（续）

中文名	学名	花期（月）	果期（月）	木本	草本	藤本	野生	栽培	外来种
五十二、卫矛科	Celastraceae								
（一三四）南蛇藤属	*Celastrus* L.								
201. 南蛇藤	*Celastrus orbiculatus* Thunb	5—6	7—10			※	※		
（一三五）卫矛属	*Euonymus* L.								
202. 扶芳藤	*Euonymus fortunei* (Turcz.) Hand.–Mazz.	4—7	9—12			※	※		
203. 冬青卫矛	*Euonymus japonicus* Thunb.	6—7	9—10	※			※		
204. 白杜	*Euonymus maackii* Rupr.	5—6	9	※			※		
五十三、省沽油科	Staphyleaceae								
（一三六）野鸦椿属	*Euscaphis* Sieb. et Zucc.								
205. 野鸦椿	*Euscaphis japonica* (Thunb.) Dippel	5—6	8—9	※			※		
五十四、鼠李科	Rhamnaceae								
（一三七）裸芽鼠李属	*Frangula* Mill.								
206. 长叶冻绿	*Frangula crenata* (Sieb. et Zucc.) Miq.	5—8	8—10	※			※		
（一三八）马甲子属	*Paliurus* Tourn. ex Mill.								
207. 马甲子	*Paliurus ramosissimus* Poir	5—8	9—10	※			※		
（一三九）鼠李属	*Rhamnus* L.								
208. 冻绿	*Rhamnus utilis* Decne.	4—6	5—8	※			※		
（一四〇）雀梅藤属	*Sageretia* Brongn.								
209. 雀梅藤	*Sageretia thea* (Osbeck) Johnst.	7—11	翌年 3—5	※			※		

（续）

中文名	学名	花期（月）	果期（月）	木本	草本	藤本	野生	栽培	外来种
（一四一）枣属	*Ziziphus* Mill								
210. 无刺枣	*Ziziphus jujuba* Mill.	5—7	8—9	※			※	※	
五十五、葡萄科	Vitaceae								
（一四二）蛇葡萄属	*Ampelopsis* Michx.								
211. 白蔹	*Ampelopsis japonica* (Thunb.) Makino	5—6	7—9			※	※		
（一四三）乌蔹莓属	*Causonis* Raf.								
212. 乌蔹莓	*Causonis japonica* (Thunb.) Raf.	6—8	8—10			※	※		
（一四四）葡萄属	*Vitis* L.								
213. 蘡薁	*Vitis bryoniifolia* Bunge	4—8	6—10			※	※		
214. 葛藟葡萄	*Vitis flexuosa* (Roxb.) Thunb.	3—5	7—11			※	※		
215. 小叶葛藟	*Vitis flexuosa* var. *parvifolia* Gagnep	3—5	7—11			※	※		
216. 狮子山葡萄	*Vitis shizishanensis* Z-Y. Ma，J. Wen，Q. Fu et X-Q. Liu	3—5	7—10			※	※		
217. 葡萄	*Vitis vinifera* L.	4—5	8—9			※		※	
五十六、锦葵科	Malvaceae								
（一四五）苘麻属	*Abutilon* Miller								
218. 苘麻	*Abutilon theophrasti* Medic	7—8	6—10		※		※		
（一四六）田麻属	*Corchoropsis* Sieb. et Zucc.								
219. 田麻	*Corchoropsis crenata* Sieb. et Zuccarini	4—6	6—10		※		※		

（续）

中文名	学名	花期（月）	果期（月）	木本	草本	藤本	野生	栽培	外来种
（一四七）扁担杆属	*Grewia* L.								
220. 扁担杆	*Grewia biloba* G. Don	5—7	8—10	※			※		
（一四八）木槿属	*Hibiscus* L.								
221. 木芙蓉	*Hibiscus mutabilis* L.	8—10	8—10	※				※	
222. 木槿	*Hibiscus syriacus* L.	7—10	7—10	※				※	
（一四九）马松子属	*Melochia* L.								
223. 马松子	*Melochia corchorifolia* L.	4—6	6—10		※		※		
（一五〇）黄花棯属	*Sida* L.								
224. 白背黄花棯	*Sida rhombifolia* L.	4—6	6—10		※		※		
（一五一）梵天花属	*Urena* L.								
225. 地桃花	*Urena lobata* L.	4—6	7—10		※		※		
226. 梵天花	*Urena procumbens* L.	4—6	7—10		※		※		
五十七、山茶科	Theaceae								
（一五二）山茶属	*Camellia* L.								
227. 山茶	*Camellia japonica* L.	1—3	9—10	※				※	
228. 油茶	*Camellia oleifera* Abel.	12 至翌年 1	9—10	※				※	
229. 茶	*Camellia sinensis* (L.) O. Kuntze	10 至翌年 2	8—10	※				※	
（一五三）柃属	*Eurya* Thunb.								
230. 格药柃	*Eurya muricata* Dunn	5—7	6—10	※			※		

（续）

中文名	学名	花期（月）	果期（月）	木本	草本	藤本	野生	栽培	外来种
（一五四）木荷属	*Schima* Reinw								
231. 木荷	*Schima superba* Gardn. et Champ.	6—8	10—12	※			※		
五十八、金丝桃科	Hypericaceae								
（一五五）金丝桃属	*Hypericum* L.								
232. 黄海棠	*Hypericum ascyron* L.	6—9	8—10	※			※		
233. 小连翘	*Hypericum erectum* Thunb. ex Murray	7—8	8—9		※		※		
234. 地耳草	*Hypericum japonicum* Thunb. ex Murray	3—10	4—11		※		※		
235. 元宝草	*Hypericum sampsonii* Hance	5—7	6—10		※		※		
五十九、堇菜科	Violaceae								
（一五六）堇菜属	*Viola* L.								
236. 白花地丁	*Viola patrinii* DC.	5—6	6—9		※		※		
237. 紫花地丁	*Viola philippica* Cav.	4—5	5—9		※		※		
六十、大风子科	Flacourtiaceae								
（一五七）柞木属	*Xylosma* G. Forst.								
238. 柞木	*Xylosma congestum* (Lour.) Merr.	7—11	8—12	※			※		
六十一、瑞香科	Thymelaeaceae								
（一五八）瑞香属	*Daphne* L.								
239. 芫花	*Daphne genkwa* Sieb. et Zucc.	3—5	6—7	※			※		
六十二、胡颓子科	Elaeagnaceae								
（一五九）胡颓子属	*Elaeagnus* L.								

（续）

中文名	学名	花期（月）	果期（月）	木本	草本	藤本	野生	栽培	外来种
240. 胡颓子	*Elaeagnus pungens* Thunb.	9—12	翌年 4—6	※			※		
六十三、千屈菜科	Lythraceae								
（一六〇）水苋菜属	*Ammannia* L.								
241. 水苋菜	*Ammannia baccifera* L.	8—10	9—12		※		※		
（一六一）紫薇属	*Lagerstroemia* L.								
242. 紫薇	*Lagerstroemia indica* L.	6—9	9—12	※				※	
（一六二）节节菜属	*Rotala* L.								
243. 节节菜	*Rotala indica* (Willd.) Koehne	9—10	10 至翌年 4		※		※		
六十四、菱科	Trapaceae								
（一六三）菱属	*Trapa* L.								
244. 四角刻叶菱	*Trapa incisa* Sieb. et Zucc.	5—10	7—11		※		※		
245. 欧菱	*Trapa natans* L.	5—10	7—11		※		※		
六十五、柳叶菜科	Onagraceae								
（一六四）丁香蓼属	*Ludwigia* L.								
246. 假柳叶菜	*Ludwigia epilobioides* Maxim.	8—10	9—11		※		※		
六十六、小二仙草科	Haloragidaceae								
（一六五）狐尾藻属	*Myriophyllum* L.								
247. 穗状狐尾藻	*Myriophyllum spicatum* L.	4—9	4—9		※		※		
248. 乌苏里狐尾藻	*Myriophyllum ussuriense* (Regel) Maximowicz	5—6	6—8		※		※		

（续）

中文名	学名	花期（月）	果期（月）	木本	草本	藤本	野生	栽培	外来种
249. 狐尾藻	*Myriophyllum vericillatum* L.	4—9	4—9		※		※		
六十七、五加科	Araliaceae								
（一六六）五加属	*Eleutherococcus* Maxim.								
250. 细柱五加	*Eleutherococcus nodiflorus* (Dunn) S. Y. Hu.	4—8	6—10	※			※		
六十八、伞形科	Umbelliferae								
（一六七）积雪草属	*Centella* L.								
251. 积雪草	*Centella asiatica* (L.) Urban	4—10	4—10		※		※		
（一六八）胡萝卜属	*Daucus* L.								
252. 野胡萝卜	*Daucus carota* L.	5—7	7—8		※		※		
（一六九）天胡荽属	*Hydrocotyle* L								
253. 天胡荽	*Hydrocotyle sibthorpioides* Lam.	4—9	4—9		※		※		
（一七〇）水芹属	*Oenanthe* L.								
254. 水芹	*Oenanthe javanica* (BI.) D C.	6—7	8—9		※		※		
（一七一）窃衣属	*Torilis* Adans								
255. 小窃衣	*Torilis japonica* (Houtt.) DC.	4—10	4—10		※		※		
六十九、杜鹃花科	Ericaceae								
（一七二）杜鹃属	*Rhododendron* L.								
256. 杜鹃	*Rhododendron simsii* Planch.	4—8	6—8	※			※		
七十、紫金牛科	Myrsinaceae								
（一七三）紫金牛属	*Ardisia* Sw.								

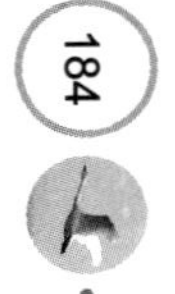

（续）

中文名	学名	花期（月）	果期（月）	木本	草本	藤本	野生	栽培	外来种
257. 朱砂根	*Ardisia crenata* Sims.	5—6	10—12	※			※		
258. 紫金牛	*Ardisia japonica* (Thunb.) Bl.	4—6	10—12	※			※		
七十一、报春花科	Primulaceae								
（一七四）珍珠菜属	*Lysimachia* L.								
259. 泽珍珠菜	*Lysimachia candida* Lindl.	3—6	4—7		※		※		
260. 过路黄	*Lysimachia christinae* Hance	5—7	7—10		※		※		
261. 矮桃	*Lysimachia clethroides* Duby	5—7	7—10		※		※		
262. 临时救	*Lysimachia congestiflora* Hemsl.	5—6	7—10		※		※		
263. 星宿菜	*Lysimachia fortune* Maxim.	6—8	8—11		※		※		
264. 轮叶过路黄	*Lysimachia klattiana* Hance	5—7	8		※		※		
265. 小叶珍珠菜	*Lysimachia parvifolia* Franch. ex Hemsl.	4—6	7—9		※		※		
七十二、柿树科	Ebenaceae								
（一七五）柿属	*Diospyros* L.								
266. 柿	*Diospyros kaki* Thunb.	5—6	9—10	※				※	
267. 油柿	*Diospyros oleifera* Cheng	4—5	8—10	※			※		
七十三、木樨科	Oleaceae								
（一七六）女贞属	*Ligustrum* L.								
268. 女贞	*Ligustrum lucidum* Ait.	5—7	7 至翌年 5	※			※		
269. 小叶女贞	*Ligustrum quiboui* Carr.	5—7	8—11	※			※		

（续）

中文名	学名	花期（月）	果期（月）	木本	草本	藤本	野生	栽培	外来种
270. 小蜡	*Ligustrum sinense* Lour.	3—6	9—12	※			※		
七十四、龙胆科	Gentianaceae								
（一七七）荇菜属	*Nymphoides* Seguier								
271. 金银莲花	*Nymphoides indica* (L.) O. Kuntze	8—10	8—10		※		※		
272. 荇菜	*Nymphoides peltata* (Gmel.) O. Kuntze	4—10	4—10		※		※		
七十五、夹竹桃科	Apocynaceae								
（一七八）夹竹桃属	*Nerium* L.								
273. 夹竹桃	*Nerium oleander* L.	2—9	8—10	※				※	
（一七九）络石属	*Trachelospermum* Lem.								
274. 络石	*Trachelospermum jasminoides* (Lindl.) Lem.	3—7	7—12			※	※		
（一八〇）娃儿藤属	*Tylophora* Wolf								
275. 七层楼	*Tylophora floribunda* Miquel	5—9	8—12			※	※		
七十六、萝藦科	Asclepiadaceae								
（一八一）鹅绒藤属	*Cynanchum* L.								
276. 牛皮消	*Cynanchum auriculatum* Royle ex Wight	6—9	7—11		※		※		
（一八二）白前属	*Vincetoxicum* Wolf								
277. 白前	*Vincetoxicum glaucescens* (Decne.) C. Y. Wu et D. Z. Li	5—11	7—11	※			※		
278. 徐长卿	*Vincetoxicum pycnostelma* Kitag.	5—7	9—12	※			※		

（续）

中文名	学名	花期（月）	果期（月）	木本	草本	藤本	野生	栽培	外来种
七十七、旋花科	Convolvulaceae								
（一八三）打碗花属	*Calystegia* R. Br.								
279. 打碗花	*Calystegia hederacea* Wall. ex Roxb.	3—9	6—9		※		※		
（一八四）菟丝子属	*Cuscuta* L.								
280. 菟丝子	*Cuscuta chinensis* Lam.	2—5	5—10		※		※		
（一八五）番薯属	*Ipomoea* L.								
281. 蕹菜	*Ipomoea aquatica* Forsk.	5—9	6—10		※			※	
282. 番薯	*Ipomoea batatas* (L.) Lam.	6—10	8—10		※			※	
七十八、紫草科	Boraginaceae								
（一八六）附地菜属	*Trigonotis* Stev.								
283. 附地菜	*Trigonotis peduncularis* (Trev.) Benth. ex Bak. et Moore	4—7	4—7		※		※		
七十九、马鞭草科	Verbenaceae								
（一八七）赪桐属	*Clerodendrum*.L								
284. 臭牡丹	*Clerodendrum bungei* Steud.	5—11	5—11	※			※		
285. 大青	*Clerodendrum cyrtophyllum* Turcz.	6 至翌年 2	6 至翌年 2	※			※		
286. 海通	*Clerodendrum mandarinorum* Diels	7—12	7—12	※			※		
（一八八）马鞭草属	*Verbena* L.								
287. 柳叶马鞭草	*Verbena bonariensis* L.	4—6	7—10		※			※	
288. 马鞭草	*Verbena officinalis* L.	6—8	7—10		※		※		

（续）

中文名	学名	花期（月）	果期（月）	木本	草本	藤本	野生	栽培	外来种
（一八九）牡荆属	*Vitex* L.								
289. 牡荆	*Vitex negundo* var. *cannabifolia* (Sieb. et Zucc.) Hand.-Mazz.	6—7	8—11	※			※		
290. 单叶蔓荆	*Vitex rotundifolia* L. f.	7—8	8—10			※	※		
八十、唇形科	Labiatae								
（一九〇）筋骨草属	*Ajuga* L.								
291. 金疮小草	*Ajuga ciliata* Bunge	4—8	7—9		※		※		
（一九一）风轮菜属	*Clinopodium* L.								
292. 风轮菜	*Clinopodium chinense* (Benth.) O. Kumtze	5—8	8—10		※		※		
（一九二）益母草属	*Leonurus* L.								
293. 益母草	*Leonurus japonicus* Houtt.	6—9	9—10		※		※		
（一九三）牛至属	*Origanum* L.								
294. 牛至	*Origanum vulgare* L.	7—9	10—12		※		※		
（一九四）紫苏属	*Perilla* L.								
295. 白苏	*Perilla frutescens* (L.) Britt.	8—11	8—12		※			※	
296. 回回苏	*Perilla frutescens* var. *crispa* (Benth.) H. W. Li	8—11	8—12		※			※	
（一九五）夏枯草属	*Prunella* L.								
297. 夏枯草	*Prunella vulgaris* L.	4—6	7—10		※		※		
（一九六）鼠尾草属	*Salvia* L.								
298. 荔枝草	*Salvia plebeia* R. Br.	4—5	6—7		※		※		

（续）

中文名	学名	花期（月）	果期（月）	木本	草本	藤本	野生	栽培	外来种
（一九七）黄芩属	*Scutellaria* L.								
299. 韩信草	*Scutellaria indica* L.	2—6	2—6		※		※		
（一九八）香科科属	*Teucrium* L.								
300. 血见愁	*Teucrium viscidum* Bl.	7—9	9—11		※		※		
八十一、茄科	Solanaceae								
（一九九）辣椒属	*Capsicum* L.								
301. 辣椒	*Capsicum annuum* L.	5—8	7—11		※			※	
（二〇〇）曼陀罗属	*Datura* L.								
302. 曼陀罗	*Datura stramonium* L.	6—10	7—11		※				※
（二〇一）枸杞属	*Lycium* L.								
303. 枸杞	*Lycium chinense* Mill.	5—9	8—11	※			※		
（二〇二）茄属	*Solanum* L.								
304. 白英	*Solanum lyratum* Thunb.	6—10	10—11			※	※		
305. 茄	*Solanum melongena* L.	6—7	7—10		※			※	
306. 龙葵	*Solanum nigrum* L.	5—8	7—11		※		※		
307. 马铃薯	*Solanum tuberosum* L.	5—8	9—10		※			※	
八十二、玄参科	Scrophulariaceae								
（二〇三）石龙尾属	*Limnophila* R. Br.								
308. 石龙尾	*Limnophila sessiliflora* (Vahl) Bl.	7至翌年1	7至翌年1		※		※		

（续）

中文名	学名	花期（月）	果期（月）	木本	草本	藤本	野生	栽培	外来种
（二〇四）母草属	*Lindernia* All.								
309. 母草	*Lindernia crustacea* (L.) F. Muell	1—12	1—12		※		※		
（二〇五）通泉草属	*Mazus* Lour.								
310. 匍茎通泉草	*Mazus miquelii* Makino	2—8	2—8		※		※		
311. 通泉草	*Mazus pumilus* (Burm. f.) van Steenis	4—10	4—10		※		※		
（二〇六）泡桐属	*Paulownia* Sieb. et Zucc.								
312. 白花泡桐	*Paulownia fortunei* (Seem.) Hemsl.	3—4	7—8	※				※	
（二〇七）婆婆纳属	*Veronica* L.								
313. 蚊母草	*Veronica peregrina* L.	5—6	6—7		※		※		
314. 婆婆纳	*Veronica polita* Fries	3—5	3—5		※		※		
八十三、胡麻科	Pedaliaceae								
（二〇八）芝麻属	*Sesamum* L.								
315. 芝麻	*Sesamum orientale* L.	6—7	6—7		※			※	
（二〇九）茶菱属	*Trapella* Oliv.								
316. 茶菱	*Trapella sinensis* Oliv.	6	6—9		※		※		
八十四、狸藻科	Lentibulariaceae								
（二一〇）狸藻属	*Utricularia* L.								
317. 黄花狸藻	*Utricularia aurea* Lour.	6—11	7—12		※		※		
318. 南方狸藻	*Utricularia australis* R. Br.	6—11	7—12		※		※		

（续）

中文名	学名	花期（月）	果期（月）	木本	草本	藤本	野生	栽培	外来种
319. 狸藻	*Utricularia vulgaris* L.	6—8	7—9		※			※	
八十五、车前草科	Plantaginaceae								
（二一一）车前草属	*Plantago* L.								
320. 车前	*Plantago asiatica* L.	4—8	6—9		※		※		
321. 北美车前	*Plantago virginica* L.	5—6	6—7		※			※	
八十六、茜草科	Rubiaceae								
（二一二）水团花属	*Adina* Salisb.								
322. 细叶水团花	*Adina rubella* Hance	5—12	5—12	※			※		
（二一三）拉拉藤属	*Galium* L.								
323. 猪殃殃	*Galium aparine* var. *tenerum* (Gren. et Godr.) Rchb.	3—7	4—9		※		※		
324. 四叶葎	*Galium bungei* Steud.	4—9	5 至翌年 1		※		※		
325. 小叶猪殃殃	*Galium trifidum* L.	3—8	3—8		※		※		
（二一四）栀子花属	*Gardenia* Eills								
326. 栀子花	*Gardenia jasminoides* f. *grandiflora* Ellis	3—7	5 至翌年 2	※			※		
（二一五）耳草属	*Hedyotis* L.								
327. 金毛耳草	*Hedyotis chrysotricha* (Palib.) Merr.	3—10	4—10		※		※		
（二一六）鸡矢藤属	*Paederia* L.								
328. 鸡矢藤	*Paederia foetida* L.	5—6	7—12			※	※		

（续）

中文名	学名	花期（月）	果期（月）	木本	草本	藤本	野生	栽培	外来种
（二一七）蛇舌草属	*Scleromitrion* (Wight et Arn.) Meisn.								
329. 白花蛇舌草	*Scleromitrion diffusum* (Willd.) R. J. Wang	4—5	6—9		※			※	
（二一八）六月雪属	*Serissa* Comm. ex Juss.								
330. 六月雪	*Serissa serissoides* (DC.) Druce	4—6	6—11	※			※		
八十七、忍冬科	Caprifoliaceae								
（二一九）忍冬属	*Lonicera* L.								
331. 忍冬	*Lonicera japonica* Thunb.	4—6	10—11			※	※		
（二二〇）荚蒾属	*Viburnum* L.								
332. 荚蒾	*Viburnum dilatatum* Thunb.	5—6	9—11	※			※		
八十八、山矾科	Symplocaceae								
（二二一）山矾属	*Symplocos* Jacq.								
333. 华山矾	*Symplocos chinensis* (Lour.) Druce	4—5	8—9	※			※		
334. 白檀	*Symplocos paniculata* (Thunb.) Miq.	4—5	9—11	※			※		
八十九、败酱科	Valerianaceae								
（二二二）败酱属	*Patrinia* Juss.								
335. 白花败酱草	*Patrinia villosa* (Thunb.) Juss.	8—10	9—11		※		※		
九十、葫芦科	Cucurbitaceae								
（二二三）盒子草属	*Actinostemma* Griff.								
336. 盒子草	*Actinostemma tenerum* Griff.	7—9	9—11		※		※		

（续）

中文名	学名	花期（月）	果期（月）	木本	草本	藤本	野生	栽培	外来种
（二二四）冬瓜属	*Benincasa* Savi								
337. 冬瓜	*Benincasa hispida* (Thunb.) Cogn.	6—9	7—11		※			※	
（二二五）西瓜属	*Citrullus* Neck.								
338. 西瓜	*Citrullus lanatus* (Thunb.) Matsum. et Nakai	4—10	4—10			※		※	
（二二六）黄瓜属	*Cucumis* L.								
339. 甜瓜	*Cucumis melo* L.	5—9	5—9		※			※	
（二二七）南瓜属	*Cucurbita* L.								
340. 南瓜	*Cucurbita moschata* (Duch. ex Lam.) Duch.ex Poiret	4—11	4—11		※			※	
（二二八）葫芦属	*Lagenaria* Ser.								
341. 葫芦	*Lagenaria siceraria* (Molina) Standl.	3—9	5—9		※			※	
（二二九）丝瓜属	*Luffa* L.								
342. 丝瓜	*Luffa aegyptiaca* Mill.	3—9	5—9			※		※	
（二三〇）苦瓜属	*Momordica* L.								
343. 苦瓜	*Momordica charantia* L.	5—10	5—10		※			※	
（二三一）栝楼属	*Trichosanthes* L.								
344. 栝楼	*Trichosanthes kirilowii* Maxim.	5—8	8—10			※	※		
九十一、桔梗科	Campanulaceae								
（二三二）党参属	*Codonopsis* Wall. ex Roxb.								
345. 羊乳	*Codonopsis lanceolata* (Sieb. et Zucc.) Trautv.	7—8	7—8		※		※		

（续）

中文名	学名	花期（月）	果期（月）	木本	草本	藤本	野生	栽培	外来种
（二三三）半边莲属	*Lobelia* L.								
346. 半边莲	*Lobelia chinensis* Lour.	5—10	5—10		※		※		
（二三四）蓝花参属	*Wahlenbergia* Schrad. ex Roth								
347. 蓝花参	*Wahlenbergia marginata* (Thunb.) A.DC.	2—5	2—5		※		※		
九十二、菊科	Asteraceae								
（二三五）蒿属	*Artemisia* L.								
348. 艾蒿	*Artemisia argyi* H. lév et Vaniot.	7—10	7—10		※		※		
349. 茵陈蒿	*Artemisia capillaris* Thunb.	7—10	7—10		※		※		
350. 青蒿	*Artemisia carvifolia* Buch.–Ham. ex Roxb.	6—9	6—9		※		※		
351. 牡蒿	*Artemisia japonica* Thunb.	9—11	7—11		※		※		
352. 野艾蒿	*Artemisia lavandulaefolia* DC.	7—10	7—10		※		※		
353. 蒌蒿	*Artemisia selengensis* Turcz. ex Bess.	7—10	7—10		※		※		
（二三六）紫菀属	*Aster* L.								
354. 马兰	*Aster indicus* L.	5—9	8—10		※		※		
（二三七）鬼针草属	*Bidens* L.								
355. 婆婆针	*Bidens bipinnata* L.	8—10	9—11		※		※		
356. 鬼针草	*Bidens pilosa* L.	8—10	9—11		※		※		
357. 狼杷草	*Bidens tripartita* L.	7—11	9—11		※		※		
（二三八）飞廉属	*Carduus* L.								

（续）

中文名	学名	花期（月）	果期（月）	木本	草本	藤本	野生	栽培	外来种
358. 丝毛飞廉	*Carduus crispus* L.	4—10	4—10		※		※		
（二三九）天名精属	*Carpesium* L.								
359. 天名精	*Carpesium abrotanoides* L.	8—10	10—12		※		※		
（二四〇）石胡荽属	*Centipeda* Lour.								
360. 石胡荽	*Centipeda minima* (L.) A. Br. et Aschers.	6—10	6—10		※		※		
（二四一）菊属	*Chrysanthemum* L.								
361. 野菊	*Chrysanthemum indicum* L.	6—11	11—12		※		※		
（二四二）蓟属	*Cirsium* Mill.								
362. 蓟	*Cirsium japonicum* Fisch. ex DC.	4—10	4—10		※		※		
363. 刺儿菜	*Cirsium setosum* (Willd.) M.–B.	5—9	5—9		※		※		
（二四三）秋英属	*Cosmos* Cav.								
364. 秋英	*Cosmos bipinnatus* Cavanilles.	6—8	9—10		※			※	
（二四四）山芫荽属	*Cotula* L.								
365. 芫荽菊	*Cotula anthemoides* L.	9 至翌年 3	9 至翌年 3		※		※		
（二四五）野茼蒿属	*Crassocephalum* Moench.								
366. 野茼蒿	*Crassocephalum crepidioides* (Benth.) S. Moore	7—12	9—12		※				※
（二四六）鳢肠属	*Eclipta* L.								
367. 鳢肠	*Eclipta prostrata* (L.) L.	6—9	9—11		※		※		
（二四七）飞蓬属	*Erigeron* L.								
368. 一年蓬	*Erigeron annuus* (L.) Pers.	6—9	9—11		※				※

（续）

中文名	学名	花期（月）	果期（月）	木本	草本	藤本	野生	栽培	外来种
369. 香丝草	*Erigeron bonariensis* L.	5—10	5—10		※				※
370. 小蓬草	*Erigeron canadensis* L.	5—9	5—9		※				※
（二四八）鼠麴草属	*Gnaphalium* L.								
371. 鼠麴草	*Gnaphalium affine* D. Don	1—4	8—11		※		※		
（二四九）泥胡菜属	*Hemistepta* Bge.								
372. 泥胡菜	*Hemistepta lyrata* (Bunge) Bunge	3—8	3—8		※		※		
（二五〇）苦荬菜属	*Ixeris* Cass.								
373. 多头苦荬菜	*Ixeris polycephala* Cass.	3—6	3—6		※		※		
（二五一）稻槎菜属	*Lapsanastrum* Pak et K. Bremer								
374. 稻槎菜	*Lapsanastrum apogonoides* (Maximowicz) Pak et K. Bremer	1—6	1—6		※		※		
（二五二）千里光属	*Senecio* L.								
375. 千里光	*Senecio scandens* Buch.-Ham. ex D. Don	10—12	9—12		※		※		
（二五三）豨莶属	*Sigesbeckia* L.								
376. 豨莶	*Sigesbeckia orientalis* L.	4—9	6—11		※		※		
（二五四）苦苣菜属	*Sonchus* L.								
377. 苦苣菜	*Sonchus oleraceus* L.	5—12	5—12		※		※		
（二五五）联毛紫菀属	*Symphyotrichum* Nees								
378. 钻叶紫菀	*Symphyotrichum subulatum* (Michx.) G. L. Nesom	9—11	9—12		※				※

（续）

中文名	学名	花期（月）	果期（月）	木本	草本	藤本	野生	栽培	外来种
（二五六）蒲公英属	*Taraxacum* Wiggers								
379. 蒲公英	*Taraxacum mongolicum* Hand.–Mazz.	4—9	5—10		※		※		
（二五七）苍耳属	*Xanthium* L.								
380. 苍耳	*Xanthium sibiricum* Patrin ex Widd.	7—8	9—10		※		※		
（二五八）黄鹌菜属	*Youngia* Cass.								
381. 黄鹌菜	*Youngia japonica* (L.) DC.	4—10	4—10		※		※		
九十三、白花菜科	Cleomaceae								
（二五九）黄花草属	*Arivela* Raf.								
382. 黄花草	*Arivela viscosa* (L.) Rafinesque	7—9	7—9		※		※		
九十四、桃金娘科	Myrtaceae								
（二六〇）蒲桃属	*Syzygium* Gaertn.								
383. 轮叶蒲桃	*Syzygium grijsii* (Hance) Merr. et Perry	5—6	11—12	※			※		
单子叶植物	Monocotyledoneae								
九十五、香蒲科	Typhaceae								
（二六一）香蒲属	*Typha* L.								
384. 水烛	*Typha angustifolia* L.	6—9	6—9		※		※		
九十六、眼子菜科	Potamogetonaceae								
（二六二）眼子菜属	*Potamogeton* L.								
385. 菹草	*Potamogeton crispus* L.	4—7	4—7		※		※		

（续）

中文名	学名	花期（月）	果期（月）	木本	草本	藤本	野生	栽培	外来种
386. 鸡冠眼子菜	*Potamogeton cristatus* Regel et Maack	5—9	5—9		※		※		
387. 眼子菜	*Potamogeton distinctus* A. Benn.	5—10	5—10		※		※		
388. 光叶眼子菜	*Potamogeton lucens* L.	6—10	6—10		※		※		
389. 微齿眼子菜	*Potamogeton maackianus* A. Benn.	6—9	6—9		※		※		
390. 竹叶眼子菜	*Potamogeton malaianus* Miq.	6—10	6—10		※		※		
391. 叶眼子菜	*Potamogeton oxyphyllus* Miq.	6—10	6—10		※		※		
392. 篦齿眼子菜	*Potamogeton pectinatus* L.	5—10	5—10		※		※		
九十七、茨藻科	Najadaceae								
（二六三）茨藻属	*Najas* Linn.								
393. 草茨藻	*Najas graminea* Delile	6—9	6—9		※		※		
394. 茨藻	*Najas marina* L.	9—11	9—11		※		※		
395. 小茨藻	*Najas minor* All	6—10	6—10		※		※		
九十八、泽泻科	Alismataceae								
（二六四）泽泻属	*Alisma* L.								
396. 窄叶泽泻	*Alisma canaliculatum* A. Br. et Bouche	5—10	5—10		※		※		
（二六五）慈姑属	*Sagittaria* L.								
397. 矮慈姑	*Sagittaria pygmaea* Miq.	5—11	5—11		※		※		
398. 欧洲慈姑	*Sagittaria sagittifolia* L.	7—9	7—9		※			※	
399. 长瓣慈姑	*Sagittaria trifolia* f. *longiloba* (Turcz.) Makino	5—10	5—10		※			※	

（续）

中文名	学名	花期（月）	果期（月）	木本	草本	藤本	野生	栽培	外来种
400. 慈姑	*Sagittaria trifolia* subsp. *Leucopetala* (Miq.) Q. F. Wang	6—7	6—7		※			※	
九十九、水鳖科	Hydrocharitaceae								
（二六六）黑藻属	*Hydrilla* Rich.								
401. 黑藻	*Hydrilla verticillata* (L. f.) Royle	5—10	5—10		※		※		
（二六七）水鳖属	*Hydrocharis* L.								
402. 水鳖	*Hydrocharis dubia* (Bl.) Backer	8—10	8—10		※		※		
（二六八）水车前属	*Ottelia* Pers.								
403. 龙舌草	*Ottelia alismoides* (L.) Pers.	4—10	4—10		※		※		
（二六九）苦草属	*Vallisneria* L.								
404. 密齿苦草	*Vallisneria denseserrulata* (Makino) Makino.	6—10	7—10		※		※		
405. 苦草	*Vallisneria natans* (Lour.) Hara	6—8	7—10		※		※		
一〇〇、禾本科	Poaceae								
（二七〇）看麦娘属	*Alopecurus* L.								
406. 看麦娘	*Alopecurus aequalis* Sobol.	4—9	4—9		※		※		
407. 日本看麦娘	*Alopecurus japonicas* Steud.	2—5	2—5		※		※		
（二七一）野古草属	*Arundinella* Radd.								
408. 野古草	*Arundinella hirta* (Thunb.) Tanaka	8—10	8—10		※		※		
（二七二）芦竹属	*Arundo* L.								
409. 芦竹	*Arundo donax* L.	10—12	10—12		※		※		

（续）

中文名	学名	花期（月）	果期（月）	木本	草本	藤本	野生	栽培	外来种
（二七三）燕麦属	*Avena* L.								
410. 野燕麦	*Avena fatua* L.	4—9	4—9		※				※
（二七四）簕竹属	*Bambusa* Schreber								
411. 孝顺竹	*Bambusa multiplex* (Lour.) Raeuschel ex J. A. et J. H. Schult.			※				※	
（二七五）䓖草属	*Beckmannia* Host								
412. 䓖草	*Beckmannia syzigachne* (Steud.) Fern.	4—10	4—10		※		※		
（二七六）狗牙根属	*Cynodon* Rich.								
413. 狗牙根	*Cynodon dactylon* (L.) Pers.	5—10	5—10		※		※		
（二七七）鸭茅属	*Dactylis* L.								
414. 鸭茅	*Dactylis glomerata*	5—8	5—8		※				
（二七八）马唐属	*Digitaria* Haller								
415. 止血马唐	*Digitaria ischaemum* (Schreb.) Schreb.	6—11	6—11		※		※		
（二七九）稗属	*Echinochloa* Beauv.								
416. 稗	*Echinochloa crusgalli* (L.) Beauv.	7—10	7—10		※		※		
417. 光头稗	*Echinochloa colona* (Linnaeus) Link	7—10	7—10		※		※		
（二八〇）披碱草属	*Elymus* L.								
418. 鹅观草	*Elymus kamoji* (Ohwi) S. L. Chen	5—7	5—7		※		※		
（二八一）画眉草属	*Eragrostis* Beauv.								
419. 画眉草	*Eragrostis pilosa* (L.) Beauv	8—11	8—11		※		※		

（续）

中文名	学名	花期（月）	果期（月）	木本	草本	藤本	野生	栽培	外来种
（二八二）蜈蚣草属	*Eremochloa* Beauv.								
420. 假俭草	*Eremochloa ophiuroides* (Munro) Hack.	6—10	6—10		※		※		
（二八三）牛鞭草属	*Hemarthria* R. Br.								
421. 牛鞭草	*Hemarthria compressa* (L. f.) R. Br.	7—10	7—10		※		※		
（二八四）水禾属	*Hygroryza* Nees								
422. 水禾	*Hygroryza aristata* (Retz.) Nees	9—10	9—10		※		※		
（二八五）白茅属	*Imperata* Cyr.								
423. 大白茅	*Imperata cylindrica* var. *major* (Nees) C. E. Hubbard	4—6	4—6		※		※		
（二八六）箬竹属	*Indocalamus* Nakai								
424. 箬竹	*Indocalamus tessellatus* (Murno) Keng f.	6—7	4—5		※			※	
（二八七）芒属	*Miscanthus* Anderss.								
425. 五节芒	*Miscanthus floridulus* (Labill.) Warb. ex K. Schum. et Lauterb.	5—10	5—10		※		※		
426. 南荻	*Miscanthus lutarioriparius* L. Liu ex Renvoize et S. L. Chen	9—11	9—11		※		※		
427. 荻	*Miscanthus sacchariflorus* (Maximowicz) Hackel	8—10	8—10		※		※		
428. 芒	*Miscanthus sinensis* Anderss.	7—12	7—12		※		※		
（二八八）稻属	*Oryza* L.								

（续）

中文名	学名	花期（月）	果期（月）	木本	草本	藤本	野生	栽培	外来种
429. 水稻	*Oryza sativa* L.	6—7	8—9		※			※	
（二八九）黍属	*Panicum* L.								
430. 糠稷	*Panicum bisulcatum* Thunb.	9—11	9—11		※		※		
（二九〇）雀稗属	*Paspalum* L.								
431. 双穗雀稗	*Paspalum distichum* Linnaeus	5—9	5—9		※		※		
（二九一）虉草属	*Phalaris* L.								
432. 虉草	*Phalaris arundinacea* L.	6—8	6—8		※		※		
（二九二）芦苇属	*Phragmites* Trin.								
433. 芦苇	*Phragmites australis* (Cav.) Trin. ex Steud.	7—11	7—11		※		※	※	
（二九三）刚竹属	*Phyllostachys* Sieb. et Zucc.								
434. 毛竹	*Phyllostachys edulis* (Carriere) J. Houzeau	5—8	8—9		※		※		
435. 篌竹	*Phyllostachys nidularia* Munre	4—5	4—5		※		※		
（二九四）早熟禾属	*Poa* L.								
436. 早熟禾	*Poa annua* L.	4—5	6—7		※		※		
（二九五）甘蔗属	*Saccharum* L.								
437. 斑茅	*Saccharum arundinaceum* Retz	8—12	8—12		※		※		
438. 河八王	*Saccharum narenga* (Nees ex Steudel) Wallich ex Hackel	8—11	8—11		※		※		
（二九六）狗尾草属	*Setaria* Beauv.								
439. 狗尾草	*Setaria viridis* (L.) Beauv.	5—10	5—10		※		※		

（续）

中文名	学名	花期（月）	果期（月）	木本	草本	藤本	野生	栽培	外来种
（二九七）菰属	*Zizania* Gronov. ex L.								
440. 菰	*Zizania latifolia* (Griseb.) Turcz. ex Stapf	6—9	6—9		※		※	※	
一〇一、莎草科	Cyperaceae								
（二九八）三棱草属	*Bolboschoenus* (Asch.) Palla								
441. 荆三棱	*Bolboschoenus yagara* (Ohwi) Y. C. Yang et M. Zhan								
（二九九）薹草属	*Carex* L.								
442. 红穗薹草	*Carex argyi* Levl. et Van.	4—6	4—6		※		※		
443. 灰化薹草	*Carex cinerascens* Kukenth.	4—5	4—5						
444. 签草	*Carex doniana* Spreng.	4—10	4—10		※		※		
445. 日本薹草	*Carex japonica* Thunb.	5—8	5—8						
446. 华中薹草	*Carex laticeps* C. B. Clarke	3—4	3—4		※		※		
447. 镜子薹草	*Carex phacota* Spreng	4—6	4—6		※		※		
448. 翼果薹草	*Carex neurocarpa* Maxim.	6—8	6—8		※		※		
449. 单性薹草	*Carex unisexualis* C. B. Clarke	4—6	4—6		※		※		
（三〇〇）莎草属	*Cyperus* L.								
450. 砖子苗	*Cyperus cyperoides* (L.) Kuntze	4—12	4—12		※		※		
451. 聚穗莎草	*Cyperus glomeratus* L.	6—10	6—10		※		※		
452. 碎米莎草	*Cyperus iria* L.	6—10	6—10		※		※		

（续）

中文名	学名	花期（月）	果期（月）	木本	草本	藤本	野生	栽培	外来种
453. 香附子	*Cyperus rotundus* L.	5—11	5—11		※		※		
454. 水莎草	*Cyperus serotinus* Rottb.	7—11	7—11		※		※		
（三〇一）荸荠属	*Eleocharis* P. Br.								
455. 荸荠	*Eleocharis dulcis* (Burm. f.) Trin. ex Henschel	5—10	5—10		※		※		
456. 具刚毛荸荠	*Eleocharis valleculosa* var. *setosa* Ohwi	6—8	6—8		※		※		
457. 牛毛毡	*Eleocharis yokoscensis* (Franch. et Sav.) Tang et Wang	4—11	4—11		※		※		
（三〇二）飘拂草属	*Fimbristylis* Vahl.								
458. 金色飘拂草	*Fimbristylis hookeriana* Boeckeler	8—10	8—10		※		※		
459. 水虱草	*Fimbristylis littoralis* Grandich	5—10	5—10		※		※		
460. 四棱飘拂草	*Fimbristylis tetragona* R. Br.	9—10	9—10		※		※		
（三〇三）水蜈蚣属	*Kyllinga* Rottb.								
461. 水蜈蚣	*Kyllinga brevifolia* Rottb.	5—10	5—10		※		※		
（三〇四）水葱属	*Schoenoplectus* (Rchb.) Palla								
462. 萤蔺	*Schoenoplectiella juncoides* (Roxburgh) Lye	8—11	8—11		※		※		
463. 水葱	*Schoenoplectus tabernaemontani* (C. C. Gmelin) Palla	6—9	6—9		※		※		
464. 水毛花	*Schoenoplectiella triangulata* (Roxb.) J. Jung et H. K. Choi	5—11	5—11		※		※		

（续）

中文名	学名	花期（月）	果期（月）	木本	草本	藤本	野生	栽培	外来种
465. 藨草	*Schoenoplectus triqueter* (L.) Palla	6—10	6—10		※		※		
一〇二、灯芯草科	Juncaceae								
（三〇五）灯芯草属	*Juncus* L.								
466. 灯芯草	*Juncus effusus* L.	4—7	6—9		※		※		
467. 江南灯芯心草	*Juncus prismatocarpus* R. Br.	3—6	7—8		※		※		
468. 野灯芯草	*Juncus setchuensis* Buch.	5—7	6—9		※		※		
一〇三、棕榈科	Arecaceae								
（三〇六）棕榈属	*Trachycarpus* Wendl.								
469. 棕榈	*Trachycarpus fortunei* (Hook.) H. Wendl.	4	12	※				※	
一〇四、天南星科	Araceae								
（三〇七）菖蒲属	*Acorus* L.								
470. 菖蒲	*Acorus calamus* L.	6—9	7—10		※		※	※	
（三〇八）天南星属	*Arisaema* Mart.								
471. 一把伞南星	*Arisaema erubescens* (Wall.) Schott	5—7	9		※		※		
（三〇九）芋属	*Colocasia* Schott								
472. 野芋	*Colocasia antiquorum* Schott	5—9	7—10		※		※		
473. 芋	*Colocasia esculenta* (L.) Schott	2—4	8—9		※			※	
（三一〇）半夏属	*Pinellia* Ten.								
474. 虎掌	*Pinellia pedatisecta* Schott	6—7	9—11		※		※		

（续）

中文名	学名	花期（月）	果期（月）	木本	草本	藤本	野生	栽培	外来种
475. 半夏	*Pinellia ternata* (Thunb.) Breit.	5—7	8		※		※		
（三一一）大薸属	*Pistia* L.								
476. 大薸	*Pistia stratiotes* L.	5—11			※				※
一〇五、鸢尾科	Iridaceae								
（三一二）庭菖蒲属	*Sisyrinchium* L.								
477. 庭菖蒲	*Sisyrinchium rosulatum* Bickn.	5	6—8		※				※
一〇六、浮萍科	Lemnaceae								
（三一三）萍属	*Lemna* L.								
478. 浮萍	*Lemna minor* L.	5—9			※		※		
（三一四）紫萍属	*Spirodela* Schleid.								
479. 紫萍	*Spirodela polyrrhiza* (L.) Schleid.	6—9			※		※		
（三一五）无根萍属	*Wolffia* Horkel ex Schleid.								
480. 无根萍	*Wolffia arrhiza* (L.) Horkel ex Wimm.				※		※		
一〇七、谷精草科	Eriocaulaceae								
（三一六）谷精草属	*Eriocaulon* L.								
481. 谷精草	*Eriocaulon buergerianum* Koern.	7—12	7—12		※		※		
一〇八、鸭跖草科	Commelinaceae								
（三一七）鸭跖草属	*Commelina* L.								
482. 鸭跖草	*Commelina communis* L.	3	4—7		※		※		

（续）

中文名	学名	花期（月）	果期（月）	木本	草本	藤本	野生	栽培	外来种
（三一八）水竹叶属	*Murclannia* Royle								
483. 疣草	*Murdannia keisak* (Hassk.) Hand.–Mazz.	8—9	9—11		※		※		
一〇九、雨久花科	Pontederiaceae								
（三一九）凤眼莲属	*Eichhornia* Kunth								
484. 凤眼莲	*Eichhornia crassipes* (Mart.) Solms–Laub.	7—10	8—11		※				※
（三二〇）雨久花属	*Monochoria* Prest								
485. 鸭舌草	*Monochoria vaginalis* (Burm. f.) Presl ex Kunth	8—9	9—10		※			※	
一一〇、百合科	Liliaceae								
（三二一）粉条儿菜属	*Aletris* L.								
486. 粉条儿菜	*Aletris spicata* (Thunb.) Franch.	4—5	6—7		※		※		
（三二二）葱属	*Allium* L.								
487. 洋葱	*Allium cepa* L.	5—7	5—7		※			※	
488. 薤白	*Allium macrostemon* Bunge	5—7	5—7		※			※	
（三二三）萱草属	*Hemerocallis* L.								
489. 黄花菜	*Hemerocallis citrina* Baroni	5—9	6—10		※			※	
（三二四）百合属	*Lilium* L.								
490. 百合	*Lilium brownii* var. *viridulum* Baker	6—9	6—9		※			※	
（三二五）沿阶草属	*Ophiopogon* Ker–Gawl.								

（续）

中文名	学名	花期（月）	果期（月）	木本	草本	藤本	野生	栽培	外来种
491. 沿阶草	*Ophiopogon bodinieri* Levl.	6—8	8—10		※		※		
492. 麦冬	*Ophiopogon japonicus* (Thunb.) Ker-Gawl.	5—8	8—9		※		※		
（三二六）菝葜属	*Smilax* Kunth								
493. 菝葜	*Smilax china* L.	2—5	9—11			※	※		
494. 牛尾菜	*Smilax riparia* A. DC.	6—7	10			※	※		
一一一、石蒜科	Amaryllidaceae								
（三二七）仙茅属	*Curculigo* Gaertn.								
495. 仙茅	*Curculigo orchioides* Gaertn.	4—9	4—9		※		※		
（三二八）石蒜属	*Lycoris* Herb.								
496. 石蒜	*Lycoris radiata* (L'Her.) Herb.	8—9	10		※		※		
一一二、薯蓣科	Dioscoreaceae								
（三二九）薯蓣属	*Dioscorea* L.								
497. 日本薯蓣	*Dioscorea japonica* Thunb.	5—10	7—11			※	※		
一一三、美人蕉科	Cannaceae								
（三三〇）美人蕉属	*Canna* L.								
498. 美人蕉	*Canna indica* L.	3—12	3—12		※			※	

注：※ 表示该物种的生活型等状态信息。

附 图

附图 1　都昌候鸟省级自然保护区三山湿地景观

附图 2　都昌候鸟省级自然保护区花海景观

附图 3　都昌候鸟省级自然保护区东方白鹳

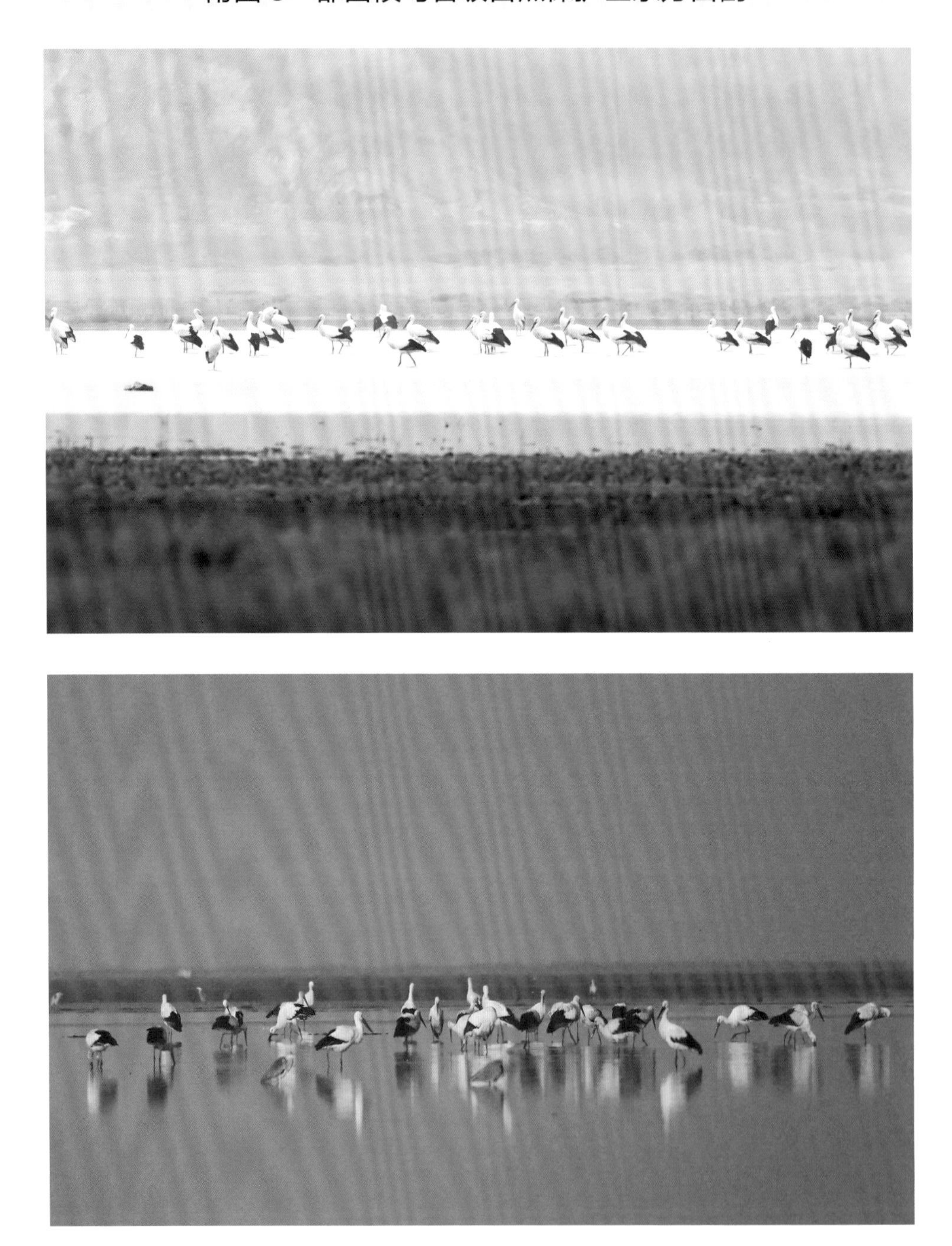

附图 4　都昌候鸟省级自然保护区小天鹅

附图 5　都昌候鸟省级自然保护区白琵鹭

附图 6　都昌候鸟省级自然保护区鸿雁

附图 7　都昌候鸟省级自然保护区白鹤

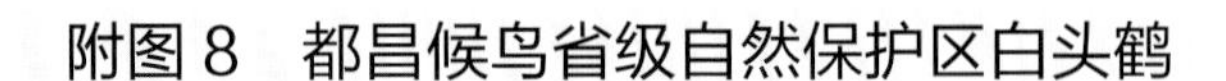

附图 8　都昌候鸟省级自然保护区白头鹤

附图 9　都昌候鸟省级自然保护区白枕鹤

附图 10　都昌候鸟省级自然保护区灰鹤

附图 11　都昌候鸟省级自然保护区两栖和爬行动物

赤链蛇

短尾蝮

银环蛇

黑斑侧褶蛙

泽陆蛙

沼水蛙

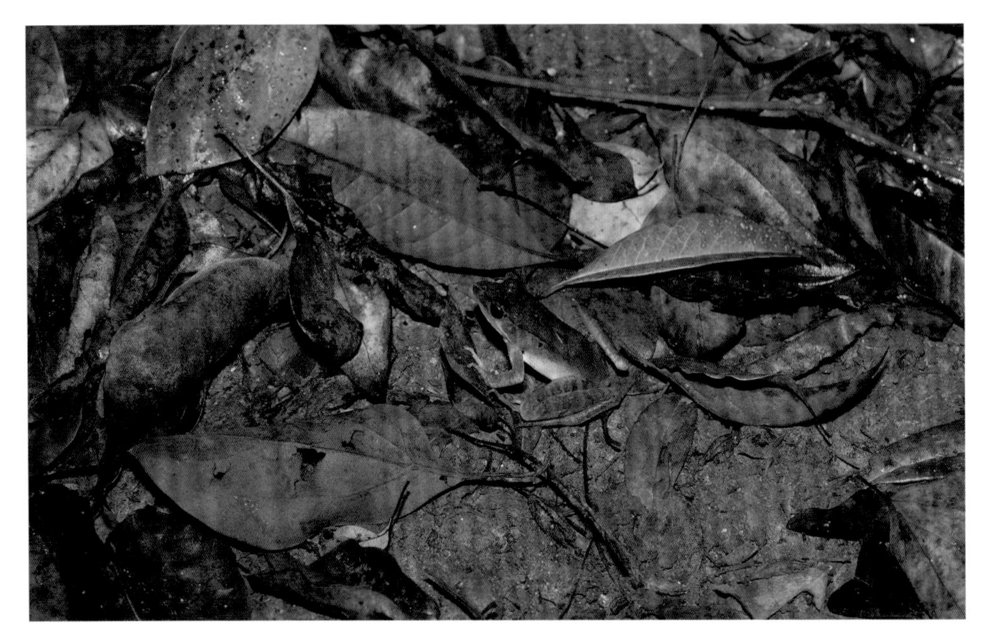

镇海林蛙

中华蟾蜍

附图 12　野外调查工作照